Weltnaturerbe Wattenmeer

Dirk Meier

Weltnaturerbe
Wattenmeer
Kulturlandschaft ohne Grenzen

BOYENS

Umschlagfotos:
Arne Hückelheim (oben), Dietrich Hoffmann (u. li.) und Jürgen Howaldt (u. re.)

BOYENS
BUCHVERLAG

ISBN 978-3-8042-1314-2

Inhalt

Deus mare, Friso litora fecit

Die Nordseeküste gehört zu den einmaligen Natur- und Kulturregionen Europas. Aufgrund seiner globalen ökologischen Bedeutung ist das Wattenmeer von der UNESCO 2009 zum Weltnaturerbe erklärt worden, ist es doch eine der wichtigsten Drehscheiben des Vogelzugs und Heimat unzähliger Tier- und Pflanzenarten.

Watten, Sände und Priele bilden ein einmaliges, stetiger Veränderung von Ebbe und Flut unterworfenes Panorama vor den eingedeichten Inseln und Nordseemarschen. Die dynamische Gewalt des Meeres trifft an der Nordseeküste auf die flache Marsch, die Wellen brechen sich an den Deichen, die Land und Meer voneinander trennen. Das Verhältnis zwischen Natur- und Kulturlandschaft ist gleichsam der Spannungsbogen einer langen Auseinandersetzung.

Diese Welt steht heute im Spannungsfeld zwischen Natur- und Küstenschutz, den Interessen von Landwirtschaft, Tourismus, Windenergie und Industrie. Hoben sich einst die Warften mit ihren Häusern oder die Kirchen als markante Punkte vor dem Horizont ab, prägen heute vielerorts die zahlreichen Windkraftkonverter das Landschaftsbild, durchschneiden breite Straßen die Marschen, weichen alte Bauernhäuser agrarindustriellen Zweckbauten.

Deus mare, Friso litora fecit – Gott schuf das Meer, der Friese die Küste. Diese Weisheit zeigt, wie stolz die Menschen darauf waren, Land aus dem Meer durch Deichbau zu gewinnen. Diese Leistung stand gleichsam neben Gottes Schöpfung. Die Gleichrangigkeit zwischen Natur und Kultur haben daher auch die Umweltminister der drei Wattenmeeranrainerstaaten Deutschland, Dänemark und die Niederlande erstmals im 8. Trilateralen Wattenmeerplan von Stade betont. Als ein Projektleiter des daraus hervorgegangenen und vom Internationalen Wattenmeersekretariat (CWSS) koordinierten EU-Projektes „Landschaft und Kulturelles Erbe des Wattenmeeres" habe ich versucht, in diesem kleinen, vom Boyens-Buchverlag schön gestalteten Band das kulturelle Erbe im Weltnaturerbe Wattenmeer exemplarisch ebenso zu schildern wie die Entwicklung von Landschaft und Kultur. Fotos für dieses Buch lieferten u.a. Walter Raabe und Dr. Klaus Vanselow, Forschungs- und Technologiezentrum Westküste.

Dirk Meier

Das dem ewigen Wechsel der Gezeiten unterliegende Wattenmeer gehört zu den faszinierendsten Natur- und Kulturlandschaften unserer Erde. Im Vordergrund ist das Sandwatt trockengefallen, im Hintergrund erkennt man die Nordsee mit der Hallig Südfall am Horizont. Foto: Dirk Meier

Weltnaturerbe Wattenmeer

Das Wattenmeer an der südlichen Nordseeküste ist die Drehscheibe des Vogelzugs mit charakteristischen Tierarten und Pflanzen, die nur in diesem Lebensraum vorkommen. Daher hat die UNESCO am 26. Juni 2009 den gemeinsamen Antrag der Niederlande, Niedersachsens und Schleswig-Holsteins (ohne Hamburg und Dänemark) befürwortet, das Wattenmeer in die Liste des Weltnaturerbes aufzunehmen. Damit ist das Wattenmeer gleichrangig mit anderen Weltnaturerbegebieten wie dem Grand Canyon in den USA oder dem Great Barrier Reef in Australien. Das Weltnaturerbe Wattenmeer umfasst mit etwa 10.000 km^2 und einer Küstenlänge von rund 400 km das deutsche und niederländische Gebiet des Wattenmeeres. Es ist nicht nur Lebensraum zahlreicher unterschiedlicher Tierarten, sondern auch Rastgebiet von rund 10 bis 12 Millionen Zugvögeln auf ihrer Durchreise von Sibirien, Skandinavien oder Kanada zu ihren Überwinterungsgebieten in Westeuropa und Afrika oder zurück. Geformt von den Kräften der Natur, von Wind, Sand und Gezeiten, bildeten sich im Wattenmeer besondere Lebensgemeinschaften aus, die sich weitgehend unbeeinflusst vom Menschen entfalten können. Diese Feuchtgebiete als Lebensraum der Wat- und Wasservögel schützt bereits seit

Das Wattenmeer mit seinen Salzmarschen ist Rast- und Durchzugsgebiet tausender Zugvögel wie hier der Nonnengänse im Wesselburener Vorland. Foto: Dirk Ingo Franke

1975 das Ramsar-Übereinkommen, dessen Ausarbeitung von der UNESCO angestoßen wurde. Die Bezeichnung Ramsar geht auf die gleichnamige iranische Stadt zurück, in der die Vertragsverhandlungen stattfanden. Das Abkommen verpflichtet die Beitrittsstaaten, die Artenvielfalt in den ausgewiesenen Gebieten zu erhalten. Dabei wird für die jeweiligen Gebiete kein totales Nutzungsverbot angestrebt, sondern eine nachhaltige, ökologische Nutzung ist durchaus vertretbar. Deutschland trat 1976 dem Abkommen bei und weist zur Zeit 33 Ramsar-Gebiete aus, wozu auch die Nationalparke Niedersächsisches, Hamburger und Schleswig-Holsteinisches Wattenmeer gehören.

Nationalpark Schleswig-Holsteinisches Wattenmeer

Bereits 1985 begründete der schleswig-holsteinische Landtag durch das Nationalparkgesetz den Nationalpark Schleswig-Holsteinisches Wattenmeer und erweiterte diesen 1999. In dem mit einer Fläche von 4.410 km² größten Nationalpark Deutschlands liegen 68 % permanent unter Wasser und 30 % fallen periodisch trocken. Seit 1990 ist der Nationalpark zusammen mit den nordfriesischen Halligen ein von der UNESCO anerkanntes Biosphärenreservat. Der National-

Die Sandbänke im Weltnaturerbe Wattenmeer bilden ebenso wie die Helgoländer Düne wichtige Ruhezonen für Seehunde. Foto: Andreas Trepte

Nationalpark Schleswig-Holsteinisches Wattenmeer mit Schutzzonen. Grafik: wikimedia

park reicht von der deutsch-dänischen Seegrenze im Norden bis hin zur Elbmündung im Süden. Nördlich von Amrum verläuft die Nationalparkgrenze an der 12-Seemeilen-Linie, südlich davon auf der Drei-Meilen-Linie. An der Landseite liegt die Grenze des Nationalparks 150 m vor der Küste. Die Seedeiche und das unmittelbare Deichvorland sind ebenso wenig Teil des Nationalparks wie die Badestrände und die bewohnten Inseln und Halligen. Im Norden umfasst der Nationalpark zwischen der dänischen Grenze und der Halbinsel Eiderstedt das nordfriesische Wattenmeer und im Süden das Küstengebiet Dithmarschens zwischen Eider und Elbe, dazwischen erstreckt sich etwa 30 km nach Westen die Halbinsel Eiderstedt. Das Schutzgebiet umfasst ebenso wie die anderen Nationalparke verschiedene Zonen:

Zone I Die 162.000 ha große Zone I bildet den Kernbereich des Schutzgebiets und umfasst ein gutes Drittel des Nationalparks. Sie besteht aus Salzwiesen, feuchtem Schlick-, Misch- und trockenerem Sandwatt, flachen, dauerhaft unter Wasser liegenden Gebieten (Sublitoral) sowie Prielströmen und Sänden, die Seehunden und Zugvögeln als Rastplätze dienen. Das Betreten der Zone I ist prinzipiell ausgeschlossen, Ausnahmen bilden lediglich direkt an die Küste angrenzende Wattgebiete für Wattwanderer, Routen für geführte Wattwanderungen und die Fischerei. Südlich des Hindenburgdamms ist innerhalb der Schutzzone I ein 12.500 ha großes Gebiet von menschlicher Nutzung sogar völlig ausgeschlossen.

Zone II bildet ein Puffergebiet um die Zone I herum, in der eine nachhaltige Nutzung möglich ist. In Schutzzone II liegt auch das 124.000 ha große Kleinwalschutzgebiet westlich der Sylter Küste. Während nachhaltige Nutzungen wie Baden, Segeln oder die traditionelle Krabbenfischerei in der Schutzzone II erlaubt sind, soll es internationale Industrie- und Stellnetzfischerei, Jet-Skis, höhere Schiffsgeschwindigkeiten, militärische Nutzungen und Ressourcenausbeutung (Sand, Kies, Gas oder Öl) verhindern.

Der seit dem 1. Januar 2008 bestehende Landesbetrieb für Küstenschutz, Nationalpark und Meeresschutz (LKN-SH) ist

11

als Dienstleister und Landesoberbehörde mit Sitz in Husum für den Nationalpark Schleswig-Holsteinisches Wattenmeer genauso zuständig wie für den Küstenschutz.

Nationalpark
Niedersächsisches Wattenmeer

Der Nationalpark Niedersächsisches Wattenmeer mit seinen 278.000 ha und seiner Verwaltung in Wilhelmshaven besteht seit 1986 und umschließt die Ostfriesischen Inseln, Watten und Vorländer zwischen der Meeresbucht des Dollart an der niederländischen Grenze im Westen und Cuxhaven an der Außenelbe. Auch dieser umfasst mehrere Schutzzonen (Zone I: *Ruhezone* mit einer Fläche von 60,7 %, Betretung nur mit besonderer Erlaubnis; Zone II: *Zwischenzone* mit einer Fläche von 38,7 %, Betretung auf ausgewiesenen Wegen zu bestimmten Jahreszeiten; Zone III: *Erholungszone*

Der Seedeich trennt das Wattenmeer von der besiedelten Kulturlandschaft, wie hier bei der ehemaligen Insel Westerhever, Eiderstedt. Im Hintergrund liegt mit Stufhusen eine der bis in das 12. Jahrhundert aus Klei aufgehöhten Großwarften. Das hohe Strohdach gehört zu einem Haubarg, der typischen, seit der frühen Neuzeit aus den Niederlanden eingeführten Bauernhausform. Das Schilf wächst in der Niederung der sog. Späthinge, alten Erdentnahmekuhlen für den Deichbau.
Foto: Dirk Meier

für den Menschen mit einer Fläche von 0,6 %). Innerhalb des Gebietes des Nationalparks Niedersächsisches Wattenmeer liegt der Nationalpark Hamburgisches Wattenmeer (Gesetze der Hamburger Bürgerschaft von 1990 und 2001) im Mündungsgebiet der Elbe in die Deutsche Bucht. Dieser umfasst neben Sand- und Mischwatten auch die Inseln Neuwerk, Scharhörn und Nigehörn. Die Gesamtfläche des Nationalparks (Schutzzone 1 und Schutzzone 2) beträgt 13.750 ha.

Kulturlandschaft Wattenmeer

Das UNESCO Naturerbe Wattenmeer ist nicht nur ein Naturraum, denn Jahrtausende abhängig von den Naturkräften und der dadurch geformten Umwelt, hat der Mensch durch Deichbau und Entwässerung seit dem 12. Jahrhundert eine Kulturlandschaft von europäischer Bedeutung geschaffen. Diese mit der wirtschaftlichen und gesellschaftlichen Entwicklung der Küstenzone eng verbundenen kulturhistorischen und landschaftlichen Werte sind im internationalen Vergleich einmalig, wie die Stader Erklärung von 1997 der Umweltminister Deutschlands, Dänemarks und der Niederlande im Rahmen des 8. Trilateralen Wattenmeerplanes erstmals betont. Ihr folgte 2001 die Deklaration von Esbjerg, die nochmals die Gleichwertigkeit des regional so vielfältigen Natur- und Kulturerbes unterstreicht.

Auf der Basis des 8. Trilateralen Wattenmeerplanes hat im Nordseeraum das vom Verfasser mitinitiierte und geleitete EU-Projekt „Landschaft und Kulturelles Erbe des Wattenmeeres" (Landscape and Cultural Heritage of the Wadden Sea = LANCEWAD) eine auf einem Geographischen Informationssystem (GIS) basierende Erfassung und Beschreibung der Kulturlandschaften Dänemarks, Deutschlands und der Niederlande vorgelegt, das die Grundlage für weitere Planungen darstellt. Teilweise basiert diese Arbeit auf älteren kulturlandschaftlichen Landesaufnahmen, wie sie insbesondere für die nordfriesischen Inseln und Halligen, Eiderstedt und Dithmarschen erstellt wurden. Das nordfriesische Wattenmeer ist ferner aufgrund seiner historischen Bedeutung vom Archäologischen Landesamt zum Grabungsschutzgebiet erklärt worden.

Die alten mit Mist (dunkle Schichten) und Klei (helle Schichten) erhöhten Dorfwurten gehören zum herausragenden kulturellen Erbe der Nordseemarschen. Das Foto zeigt einen Grabungsschnitt der Dorfwurt Wellinghusen bei Wöhrden, Dithmarschen, mit einer Schichtenfolge von etwa 690 n. Chr. bis in das 14. Jahrhundert. Foto: Dirk Meier

Kulturspuren im nordfriesischen Wattenmeer bezeugen, dass hier einst besiedeltes Land war. Das Foto zeigt eine bei der Burchardiflut von 1634 untergegangene Warft der alten Insel Strand mit umliegenden Fluren. Foto: Walter Raabe; Quelle: Dirk Meier, Die Nordseeküste, Geschichte einer Landschaft (Heide [2]2007) S. 136

Das kulturelle Erbe des Wattenmeeres und der angrenzenden Nordseemarschen, Inseln und Halligen umfasst historische Siedlungsmuster- und Landnutzungsformen, alte Warften (Wurten) als künstlicher Schutzhügel gegen Sturmfluten, historische Bauernhäuser, Deiche, Deichbruchstellen, Siele, Sielhäfen, Kanäle (Bootfahrten) oder Schiffswracks. Deichbau und Entwässerung, Fischfang, Küsten- und Seefahrt formten die Nordseeküste in ihrer regionalen Vielfalt ebenso wie in ihren übergreifenden kulturellen Verbindungen vor dem Hintergrund einer von Naturgewalten geprägten Landschaft. Bis in die frühe Neuzeit verstanden die Menschen die Gewalt des „Blanken Hans" als Gottes Strafgericht für verderbliches Tun. Einst besiedeltes und kultiviertes Land versank im Meer, wurde zu Watt.

Dokumente dieses dramatischen Geschehens sind die Kulturspuren im Wattenmeer, wie Sodenbrunnen, Warften, Spuren des Salztorfabbaus, Wege oder Deichreste. Eine erste Kartierung solcher Kulturspuren als Dokumente zur Erforschung der Erdgeschichte im südlichen nordfriesischen Wattenmeer veranlasste bereits Meyn bei seiner Bereisung der Hamburger Hallig 1872. Im Gebiet der Hallig Südfall war es der Nordstrander Bauer Andreas Busch, der zwischen 1921 und 1972, Warften, Flurformen und Deichreste kartierte und sie als das 1362 untergegangene Rungholt deutete. Eine erste systematische wissenschaftliche Kartierung der Kulturspuren erfolgte dann durch Dr. Albert Bantelmann 1935–1939 und 1950–1967, die durch weitere Forschungen, wie das Norderhever-Projekt von 1977–1981 der Universität Kiel, das Archäologische Landesamt oder die Ostfriesische Landschaft (Aurich) im niedersächsischen Watt ergänzt wurden. Die Erfassung der Kulturspuren ist von primärer Bedeutung für die Klärung der Landschafts- und Siedlungsgeschichte dieses Raumes, zumal es keine Möglichkeit gibt, sie gegen ihre Zerstörung durch das Meer zu schützen. So legen Prielströme die überdeckenden Meeresablagerungen (Sedimente) frei, so dass die ertrunkene alte Landschaft wieder zu sehen ist. Durch das Meer freigelegte Kulturspuren bedroht zudem die Fischerei mit ihren Schleppnetzen.

Kulturdenkmäler als unersetzliche Geschichtszeugnisse prägen unser Bild der Küstenlandschaft ebenso wie Kunst und Literatur. Dramatisch lässt beispielsweise Theodor Storm 1888 in seiner Novelle „Schimmelreiter" Mensch und Natur aufeinandertreffen. Gegen den Widerstand der Bauern führt der Deichgraf seinen Kampf um den neuen Deich, mit dem er die Natur bezwingen will. So spricht er in der Deichbevollmächtigen-Versammlung im Dorfkrug die folgenden Worte:

Vor dreißig Jahren ist der alte Deich gebrochen; dann rückwärts vor fünfunddreißig und wiederum vor fünfundvierzig Jahren. Seitdem aber, obgleich er noch immer steil und unvernünftig dasteht, haben die höchsten Fluten uns verschont. Der neue Deich aber soll trotz solcher hundert und aberhundert Jahre stehen; denn er wird nicht durchbrochen werden, weil der milde Abfall nach der Seeseite den Wellen keinen Angriffspunkt entgegenstellt, und so werdet ihr für euch und eure Kinder ein sicheres Land gewinnen, und das ist es, weshalb die Herrschaft und der Oberdeichgraf mir

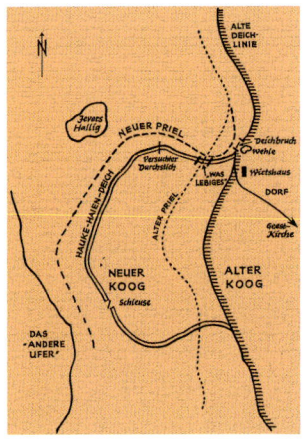

„Der neue Deich aber soll trotz solcher [Fluten] hundert und aberhundert Jahre stehen ..." heißt es in Theodor Storms „Schimmelreiter". Zeichnung der Handlungsräume nach den Angaben in Storms Novelle nach Karl Ernst Laage.

den Daumen halten. Das ist es auch, was ihr zu eurem eigenen Vorteil einsehen solltet!

Dieser Deich war nicht als defensiver Küstenschutz gedacht, denn Hauke Haien baute diesen in den gefährlichen Prielstrom hinein. In der folgenden Sturmflut sieht er den Wagen mit seiner Frau und seinem Kind in die Bruchstelle des alten Deiches stürzen. Hauke Haien richtete sich auf seinem Schimmel hoch auf, gibt ihm die Sporen und mit den Worten: *Herr Gott, nimm mich; verschon die anderen!* stürzt er sich in die tobenden Fluten.

Neben der Literatur formt auch die seit dem 17. Jahrhundert in den Niederlanden aufkommende Landschaftsmalerei unsere Vorstellung der Marschlandschaft. Ein hoher Himmel mit dramatischer Wolkeninszenierung und davor die Vertikale betonende Kirchtürme am Horizont versinnbildlichen – betont durch tief liegende Horizontallinien – die Unendlichkeit. Es waren diese Bilder, weshalb die den „Kontinent" im 18. Jahrhundert bereisenden Engländer die Nordseeküste mit einbezogen. Die Reisebeschreibungen der Niederlande enthalten stereotyp immer wieder Schilderungen über die Sauberkeit der Städte und Dörfer, die Pracht der Gebäude, den gepflegten Zustand der Straßen und die planmäßige Nutzung der Agrarlandschaft. Zwar charakterisierte 1795 Friedrich Karl Volckmar die Marschen Eiderstedts als eintönig, nicht jedoch, ohne auch deren Ästhetik zu betonen. Marschen wirkten so als mentale Landschaften.

Auch versuchte man in der frühen Neuzeit, die Kargheit der Marschen zu verschönern. So umgaben auf den reichen Einzelhöfen Eiderstedts die Bewohner der Haubarge diese im 18. Jahrhundert mit Bäumen als Repräsentation, die zudem dem Windschutz dienten.

Die ursprünglichen Sichtbeziehungen mit den Kirchtürmen auf den Warften als charakteristische Elemente stören heute die zahlreichen Windkraftanlagen. Ferner ist der Erhalt der historischen Kulturlandschaft durch Industrialisierung, Straßenbau und neue Verfahren in der Landwirtschaft bedroht.

Daher hat neben der schon erwähnten Erklärung von Stade auch der Europarat 2000 den Schutz der Kulturlandschaften in der „Europäischen Landschaftskonvention" (Erklärung von Florenz) betont. Denn der Erhalt des kultur- und

Kirchtürme am Horizont und Schiffe betonen die Vertikalen vor dem unendlichen Himmel der flachen Landschaft in der niederländischen Landschaftsmalerei. Dieses Bild von Salomon van Ruysdael (um 1600–1670) zeigt Deventer in den Niederlanden.

landschaftsgeschichtlichen Erbes in aller seiner Vielfalt trägt wesentlich zum Verständnis der historischen Tiefe der Landschaft sowie der Identität und Identifikation der Bewohner mit ihrer Region bei. Für die Identität einer Landschaft sind die Erhaltung, Wiederherstellung und Entwicklung von Landschaftsbestandteilen bedeutend, welche den Charakter einer Landschaft ausmachen. Dazu gehören an der Nordseeküste neben den vielen Warften, die alten Priele, Deiche oder Deichbruchstellen.

Besonders bedroht ist die Kulturlandschaft im Umkreis der urbanen Ballungszentren. In besonders deutlicher Weise ist dies im Umland der Großstädte Den Haag, Rotterdam und Amsterdam der Fall. In diesem „Grünen Herzen" (*Het groene Hart*) Hollands, wie diese seit dem Mittelalter kultivierte Moorlandschaft im Delta des Rheins und der Maas auch genannt wird, zerschneiden ausdehnende Industrieanlagen, Gewerbe- und Wohngebiete sowie Straßen und Autobahnen mehr und mehr die historischen Siedlungsmuster, Entwässerungsysteme und alten Flurformen dieser Kulturlandschaft. Eine steigende Bevölkerung ist hier der Motor für eine landschaftliche Umgestaltung großen Ausmaßes. Im „Grünen Herzen" wohnen 650.000 Menschen, das sind ungefähr 10 % der gesamten Randbesiedlung der umliegenden Großstädte. Hier arbeiten rund 200.000 Menschen und 350.000 Menschen pendeln in die Metropolen. Etwa 86,7 % der Fläche werden für den Landbau gebraucht. In den kommenden Jahren ist der Bau von 800.000 Wohnungen geplant, wobei die Mehrheit in die Randbebauung der Städte einbezogen werden soll. Stärker können die Gegensätze von Stadt und Land kaum aufeinanderprallen. Die Elemente der Kulturlandschaft bilden hier Kanäle, Sielzüge, Priele, Flüsse, Deiche, Wurten, alte Befestigungsanlagen, Marschhufensiedlungen, alte Bauernhöfe und Mühlen. Hinzu treten archäologische Funde, welche die lange Nutzung dieser Landschaft belegen. So sind die teilweise entlang der Flussmündungen sich dahinziehenden Sanddünen schon vor 7.000 Jahren von steinzeitlichen Jägern und Sammlern aufgesucht worden. Erste agrarisch ausgerichtete Siedlungen sind aus dem Übergang zur Jungsteinzeit vor etwa 4.000 Jahren belegt. Bis etwa 1.000 n. Chr. hatten sich die menschlichen Siedlungen auf die Dünen und hohen Uferwälle entlang der Flüsse beschränkt, bevor mit dem hohen Mittelalter im großen Stil die bis dahin gemiedenen Moore kultiviert wurden. Die Urbarmachung des heutigen „Grünen Herzens" ging mit 2.000 ha pro Jahr schnell voran und war um 1300 abgeschlossen. Das Ausgreifen der heutigen Großstädte in die ländlichen Bereiche wird diese Landschaft – wie im Mittelalter – erneut wandeln.

Andererseits gibt es auch Beispiele, wo sich Kulturlandschaften mit ihren alten Siedlungssystemen im Nordseeraum gut erhalten haben. Dies gilt vor allem für die ländlichen Regionen wie das nördliche Eiderstedt mit seinen mittelalterlichen Deich- und Siedlungssystemen, alten Flurformen und Prielen.

Die landschafts- und siedlungsgeschichtlichen Denkmäler der Kulturlandschaften lassen sich nach Kriterien ordnen und kartografisch darstellen, nach dem Dokumentationswert etwa, der Repräsentativität, der Erhaltung oder dem Gefährdungsgrad. Der Wert und die Potentiale der Kulturlandschaften werden zunehmend auch in der regionalen Raumplanung erkannt. Die Pflege der Kulturlandschaften kann aber keineswegs die bloße Konservierung von auf uns überkommenen Landschaften oder Einzelelemente sein, sondern eine sinnvolle, den Wert nicht substanziell beeinträchtigende Weiterentwicklung ebenso wie deren Erforschung ist unvermeidbar.

Das Satellitenbild der NASA zeigt die Nordseeküste von Texel und dem Ijsselmeer im Südwesten bis zur dänischen Halbinsel Skallingen im Nordosten. Entlang der nordniederländischen und schleswig-holsteinischen Küste bilden mit Ausnahme der Geestinsel Texel junge Sandinseln einen natürlichen Schutz für das sich südlich erstreckende Wattenmeer. Weitere Dünen- und Sandinseln liegen im nordfriesischen Wattenmeer. Buchten und Flussmündungen gliedern die Küstenregion.

Der Naturraum

Watten, Seemarschen, Sände und Dünen, Geestkerne und Moore sowie Marschen prägen den Naturraum des Nordseeküstengebietes mit seinen ökologischen Ressourcen.

Nordsee und Wattenmeer

Die 575.000 km² große Nordsee ist ein durchschnittlich 94 m tiefes Randmeer des Atlantischen Ozeans und erstreckt sich größtenteils auf dem europäischen Kontinentalschelf. Die Grenzen des Gezeitenmeeres bilden im Westen Großbritannien, im Süden die Niederlande und im Osten das deutsche und dänische Küstengebiet. Im Südwesten geht die Nordsee durch die Straße von Dover in den Ärmelkanal über, im Osten hat sie über Skagerak und Kattegat eine Seeverbindung zur Ostsee und im Norden öffnet sich die Nordsee westlich der Westküste Norwegens zum Europäischen Nordmeer im Osten des Nordatlantiks. Die wichtigsten Zuflüsse der Nordsee sind nördlich der Straße von Dover die Themse und der Humber in Nordengland sowie der Firth of Tay und der Moray Firth in Schottland, im Südosten Maas, Rhein, Ijsselmeer, Ems, Weser und Elbe. Im Süden der Nordsee erstreckt sich die Deutsche Bucht. Ihre südliche Begrenzung bilden die Westfriesischen und Ostfriesischen Inseln und Watten, die östliche die schleswig-holsteinischen Watten und Nordfriesischen Inseln sowie die dänischen Wattenmeerinseln. Im Norden erstreckt sich die Deutsche Bucht bis zur Doggerbank, im Westen bis in das Seegebiet um Helgoland. Im Helgoländer Becken sowie südöstlich der Doggerbank ist die Nordsee bis 56 m tief, an der 300 bis 350 km langen und bis zu 120 km breiten Untiefe der Doggerbank. Die durchschnittliche Tiefe der Doggerbank beträgt 30 m, ihre flachste Stelle zwischen 54 und 55° nördlicher Breite sowie 1 und 2° östlicher Länge liegt bei nur 13 m. Vom Ostende der Doggerbank sind es etwa 125 bis 150 km bis zur dänischen Küste und 100 km bis zur englischen Ostküste. Nordwestlich der Doggerbank und der Deutschen Bucht schließt sich vor der englisch-schottischen Küste das Seegebiet Dogger an.

Das Wattenmeer in der südlichen Nordsee zwischen Den Helder in Nordholland und der dänischen Halbinsel Skallingen gehört mit den angrenzenden Küstengebieten der Niederlande, Deutschlands und Dänemarks zu den faszinierenden Natur- und Kulturlandschaften Europas. Landeinwärts grenzt es an die durch größere Flussmündungen und Buchten gegliederten Seemarschen, während die seeseitige Grenze das Wattenmeer mit seinen Inseln und Vorsänden bildet.

Watten, Priele und Gezeiten

Das etwa 9.000 km² große Wattenmeer der südöstlichen Nordsee zwischen Den Helder in den Niederlanden und Blåvandshuk in Dänemark ist mit ca. 450 km Länge und 40 km

Tief haben sich im Büsumer Watt die Priele eingeschnitten. Aufnahme bei Niedrigwasser von Klaus Vanselow

Breite das größte der Erde. Als Watt bezeichnet man den bei Niedrigwasser freiliegenden Grund der Nordsee. Im südlichen Teil von Den Helder über die Ems bis hin zur Wesermündung liegt das Wattenmeer im Schutz einer Kette von Barriereinseln, die aus Sandbänken entstanden sind (Ostfriesische Inseln, Westfriesische Inseln). Hier reicht die Breite des Wattenmeers von 6 km zwischen den Ostfriesischen Inseln und dem Festland bis hin zu 50 km in den großen Buchten des Jadebusens, des Dollart und der Leybucht. Das Gebiet von der Weser- über die Elb- bis zur Eidermündung nimmt das zentrale Wattenmeer ein. Hier bilden die Gezeiten vor allem Sandbänke, die sich kaum zu Inseln entwickeln konnten. Nördlich von Eiderstedt bis hin zum dänischen Blåvand erstreckt sich im Schutz der nordfriesischen Geestkern- und Marscheninseln das nördliche Wattenmeer.

Wasser, Wind, Strömung und Gezeiten sind die treibenden Kräfte der Veränderlichkeit des Wattenmeeres. Das Prinzip hatte schon der römische Naturforscher Plinius der Ältere (23–79 n. Chr.) in seiner *Naturalis Historia* beschrieben: *Mond und Sonne ziehen die Gewässer nach sich.* Die durch die Anziehungskräfte von Mond und Sonne entstehenden Gezeiten bestimmen alle Prozesse im Wattenmeer. So rotieren Erde und Mond um einen gemeinsamen Schwerpunkt im Erdinnern. Durch die jeweilige Differenz im Abstand vom Mond- zum Erdmittelpunkt erzeugt das Ozeanwasser im Zenit des Mondes infolge der Gravitationskraft einen ersten Flutberg, während auf der entgegengesetzten Erdhälfte die Zentrifugalkraft einen zweiten Flutberg bildet. Die Ausgleichströmung zwischen beiden Flutbergen führt zu Niedrigwasser.

Eine Tide, bestehend aus Flut und Ebbe, dauert in der Nordsee im Mittel etwa einen halben mittleren Mondtag von 12 Stunden und 25 Minuten. Die Flut führt somit zum Hochwasser, in der das Watt ganz von Wasser bedeckt ist, die Ebbe zum Niedrigwasser. Stehen Sonne und Mond in einer Richtung, also zu Neu- und Vollmond, kommt es zur Springtide mit einem besonders hoch auflaufenden Flutberg.

An der Nordseeküste treten die Gezeiten mit zeitlicher Verzögerung ein, weichen aber gleichmäßig voneinander ab. Bei jeder Flut reichen dabei Schwingungswellen des Atlantischen Ozeans bis in das Randmeer der Nordsee. Von den Shetland Inseln verlaufen sie weiter bis an die Ostküste Englands und treffen im Ärmelkanal auf die südlichen Schwingungswellen, erreichen die Deutsche Bucht, die Ostfriesischen Inseln und laufen dann nordwärts entlang der schleswig-holsteinischen und dänischen Nordseeküste, um dann in einer bogenförmigen Bewegung wieder in den Atlantischen Ozean zu kommen. Von der niederländischen Küste bis nach Sylt braucht die Gezeitenwelle etwa 3,5 Stunden. Diese Gezeitenbewegungen halten zahlreiche Pe-

Viele große und kleine Priele leiten täglich zweimal mit Flut- und Ebbstrom große Wassermassen ein und aus. Dieser gewundene Priel durchzieht die Hallig Hooge. Foto: Dirk Meier

gel fest, die als Höhenbezug den Wert Pegelnull (PN = Normalnull –500 cm) verwenden.

Den Wert zwischen Tideniedrigwasser und Tidehochwasser bezeichnet man als Tidenhub, der an der deutschen Nordseeküste in der inneren Deutschen Bucht mit 3,5 m am größten ist. An den Flussmündungen, wie der Weser, steigt der Tidenhub bis auf 4 m, in Borkum beträgt er 2,4 m und in List auf Sylt 1,8 m. Wo der Tidenhub nur gering ist, haben sich – wie an der dänischen Westküste nördlich der Halbinsel Skallingen – gerade Küstenlinien gebildet. Wo der Tidenhub 1,5 m übersteigt, werden die Gezeitenströme so stark, dass sich kein geschlossener Küstensaum bilden kann. Hier entstand das Wattenmeer mit seinen vorgelagerten Barriereinseln und den dazwischen verlaufenden Gezeitenströmen (Priele, Seegaten).

Da sonst nirgendwo auf der Erde der Tidenhub an einer langen Flachmeerküste so hoch ist wie an der südlichen Nordseeküste, fallen bei Ebbe ca. 4.700 km^2 trocken und werden wieder überflutet. Bei Flut strömt das Wasser zunächst in die tiefen Priele als Vorfluter und breitet sich dann über die Watten aus. Bei Ebbe verläuft der Prozess umgekehrt. Das Mittlere Tidehochwasser (MThw) bildet dabei die Grenze zwischen Land und Meer. Oberhalb des MThw beginnen die Salzwiesen, darunter die Watten, deren Oberflächen sich ständig wandeln.

Viele große und kleine Priele leiten täglich zweimal mit dem Flut- und Ebbstrom große Wassermassen in das Watt ein und aus. An den Prielen kann man an den Windungen höhere Prall- und flachere Gleithänge beobachten. Im Bodenbereich der Priele finden sich bei größeren Fließgeschwindigkeiten Bodenrippeln, zur Seeseite sind diese vorwiegend vom Ebbstrom, zur Landseite vom Flutstrom beeinflusst. Je nach diesen Gezeitenströmen, nach Wind und Seegang, nach Lage in Luv und Lee ist die Wasserbewegung sehr unterschiedlich und damit auch die Transportkraft. Schnell bewegtes Wasser lagert dabei sandige, langsames schluffige oder tonige Ablagerungen (Sedimente) ab. Abhängig von der Strömungsgeschwindigkeit und dem damit angelieferten Material unterscheidet man das festere Sandwatt und das feuchtere Schlickwatt.

Das Wattenmeer besteht somit aus drei Zonen: der dauerhaft unter Wasser liegenden *sublitoralen Zone* mit den großen Gezeitenströmen, der zweimal in 24 Stunden trockenfallenden *eulitoralen Zone mit den Muschelbänken und Wattwürmern* sowie der *supralitoralen Zone* mit den natürlich aufgewachsenen Salzwiesen oberhalb des Mittleren Tidehochwassers (MThw).

Wer das Watt besuchen und das Gezeitengeschehen an der Nordsee überblicken will, braucht einen Tidekalender. Darin verzeichnet das Bundesamt für Seeschifffahrt und Hydrographie für jeden Tag eines Jahres die Eintrittszeiten von Niedrig- und Hochwasser.

Biologie des Wattenmeeres

Das Watt mit einer der höchsten Primärproduktionsraten (Produktion von Biomasse) der Welt dient zahlreichen Tierarten zur Ernährung. Die Biomasse der Kleinstlebewesen des Watts ist etwa fünfmal so hoch wie auf einer gleichen Fläche Meeresboden unter Wasser. Zwar sind während der Ebbzeit Tier- und Pflanzenwelt dem Wetter mit Hitze im Sommer, warmen Wassertemperaturen oder Kälte und Frost im Winter ausgesetzt, doch haben sie entsprechende Überlebensstrategien entwickelt. Zudem schwankt der Salzgehalt im Wasser, das bei starkem Regen so brackig wird wie in den Flussmündungen. Trotzdem wimmelt es im Wattboden von Leben, denn der Flutstrom liefert für Kleinlebewesen zweimal täglich Nahrung. Die ausgeschiedenen unverdaulichen Kotsandhaufen des eingegrabenen Wattwurms (Pierwurm) übersehen das Watt. Miesmuscheln filtern aus dem strömenden Wasser Planktonalgen, während bei Ebbe die Kieselalgen ihre Photosynthese beginnen. Von den Kieselalgen ernähren sich die Wattschnecken.

Die Miesmuscheln mit ihren Bänken im Eulitoral sind wiederum für zahlreiche Vögel die wichtigste Nahrungsquelle. Allerdings leiden die Miesmuscheln seit etwa 1984 unter der Verbreitung der Pazifischen Auster. Bei Flut filtert die Miesmuschel Planktonalgen und andere Schwebstoffe aus dem Wasserstrom. 10 bis 20 Liter Meerwasser strömen so täglich durch die Kiemen einer einzigen Miesmuschel. Sobald sich das Meer zurückzieht, machen alle Organismen, die sich nicht eingraben können, dicht. Die Miesmuscheln verankern sich an Klebfäden und klappen ihre Schalenhälften

Miesmuscheln dienen zahlreichen Vogelarten als Nahrung.
Foto: wikimedia

Oft finden sich an den Prielen Muschelbänke. Foto: Dirk Meier

fest zusammen, die zu den Krebstieren gehörenden See-
pocken verschließen die Öffnung ihres Kalkpanzers und die
Strandschnecken deckeln ihr Gehäuse zu, um nicht von
Sonne und Wind ausgetrocknet zu werden. Andere Mu-
schelarten graben sich ein und halten über lange Siphone
Kontakt zur Oberwelt.

Zu den Krebstieren gehören Strandkrabben, Seepocken
und Nordseegarnelen (Krabben), die aufgrund ihres mas-
senhaften Auftretens eine Schlüsselfunktion im Wattenmeer
haben. Im Sommer, wenn das Watt im Vergleich zur restli-
chen Nordsee warm ist, kommen auch Feuer- und Ohren-
quallen vor. In den Tideströmen findet man den Borsten-
wurm.

Das Wattenmeer bietet ebenso den Lebensraum für zahl-
reiche Fische. Bei Flut wandern viele Nordseefische aus den
Prielen und breiten sich auf den nahrungsreichen Sand- und
Schlickwatten aus. Schollen, Seezungen, Heringe und
Sprotten nutzen das Wattenmeer als Laichgrund. Größere
Wanderfische wie Nagelrochen, Stechrochen und Stör sind
infolge der Fischerei ausgestorben.

Dieses reichhaltige Nahrungsangebot des Watts nutzen
neben zahlreichen Brutvögeln riesige Zugvogelschwärme
im Frühjahr und Herbst als Rastgebiet. Ungefähr 10 bis 12
Millionen Vögel ziehen durch das Wattenmeer, dabei ist es

Der Austernfischer gehört zu den charakteristischen Vögeln des Wattenmeeres.
Foto: Andreas Trepte

Die Weißwangen- oder Nonnengänse sind Zugvögel, die im Winter nach Süden ziehen und dann an der Wattenmeerküste große Schwärme bilden.
Foto: wikimedia

Galten Heringsmöwen bis vor kurzem als reine Küstenvögel, die sich zudem fast ausschließlich aus dem Meer ernährten, tauchen sie zunehmend nicht nur im Winterhalbjahr auch fernab der Küste auf.
Foto: Andreas Trepte

Der Basstölpel ist ein gänsegro-
ßer Meeresvogel aus der Fami-
lie der Tölpel, der in Kolonien –
wie auf Helgoland – brütet. Er
verzehrt vor allem fetthaltige Fische wie Hering und Makrele.
Foto: Klaus Vanselow

für ungefähr 50 Arten der nördlichen Hemisphäre unver-
zichtbar. Zahlreiche Tiere verbringen einen Teil ihres Lebens
im Wattenmeer, und etwa zehn Arten kommen zeitweise nur
im Wattenmeer vor. Von den Gesamtbeständen der Herings-
möwe etwa sind mit etwa 50.000 etwa ein Viertel aller Vögel
im Watt anzutreffen. Zahlenmäßig häufigster Gastvogel im
Seebereich des Wattenmeers ist die Trauerente mit über
300.000 Exemplaren (19 % des weltweiten Bestandes).
Weitere signifikante Zahlen finden wir bei den Eiderenten,
den Brandseeschwalben, den Sturm- und Silbermöwen
oder den Sterntauchern.

Zu den Säugetieren des Wattenmeeres zählen Seehund,
Kegelrobbe und Schweinswal, der sich hier insbesondere
zur Geburt in die See/Watt-Übergangszone in das nördliche
Wattenmeer zurückzieht. Infolge der Schutzmaßnahmen
haben die Bestände an Seehunden und Kegelrobben wieder zugenommen. Im Juni beginnen die Seehunde auf den
trockengefallenen Sandbänken ihre Jungen zu werfen, wo
sie einen Monat mit fetthaltiger Milch gesäugt werden und
ihr Gewicht verdreifachen. Im Spätsommer wechseln die
ausgewachsenen Tiere ihr Fell, dafür brauchen sie viel Sonne und hochliegende Ruheplätze. Manchmal versammeln
sich mehr als 500 Seehunde auf den Knobbsänden vor Amrum.

Marschen

Täglich zweimal während der Flut erreicht das Wasser die Küstenlinie des Flachmeeres. Die im Wasser schwebenden feinen Teile lagern sich ab, und auf den Watten bildet sich Schlick. Zu dessen Bildung tragen die im Wattboden lebenden Muscheln und Würmer mit ihren Ausscheidungen bei. Als erste Pflanze im noch tiefen Watt siedelt sich neben verschiedenen Algen das Zwergseegras *(Zostera nana)* an. Ist dieses Schlickwatt bis zu einer Höhe von 50 cm unter dem Mittleren Tidehochwasserspiegel aufgewachsen, kann als Pionierpflanze der kammartige grüne Queller *(Salicornia herbacea)* existieren. Dieser bremst die Wasserströmung und fördert die weitere Schlickablagerung. Dazwischen findet sich heute das künstlich eingeführte, aber wenig erwünschte Reisgras *(Spartina towsendii)*, dessen Wuchs Wasserstrudel begünstigt.

Hat diese Anwachszone mit dichterem Pflanzenbestand landwärts etwa die Höhe des Mittleren Tidehochwassers er-

Die Salzmarschen entstehen natürlich aus dem Meer. Als eine der ersten Pflanzen im Watt siedelt sich der kammartige Queller an, dazwischen finden wir heute die angesiedelten Reisgräser. Oberhalb des Mittleren Tidehochwassers liegt die Andelwiese.
Foto: Jürgen Howaldt

Heute sind die Vorländer größtenteils von der Beweidung ausgenommen, so dass wieder das alte bunte Bild der Salzwiesenflora entsteht.
Foto: wikimedia

reicht, finden wir den Andel *(Pucinellia maritima)*. Die rasenartige Andelzone wird nur noch bei Springtiden und höheren Windfluten überflutet. In der Andelzone siedeln sich auch die ersten größeren Blütenpflanzen an. Den Andelrasen überschwemmende höhere Fluten höhen diesen durch die Ablagerung von Schwebstoffen weiter auf, so dass ein Anwachs entsteht. Solche Anwachsschichten mit ihrer feinen Bänderung toniger und sandiger Meeresablagerungen (Sedimente) lassen sich an den natürlichen Abbruchkanten beobachten. In den höchsten Bereichen der Salzwiesen gedeiht der Rotschwingel *(Festuca rubra)*. Solche Salzmarschen mit reichhaltiger Flora finden wir heute nur noch in den nicht mehr beweideten Vorländern.

Die ältesten Salzmarschen im nordniederländischen Küstengebiet wurden seit dem 6. Jahrhundert v. Chr. besiedelt, hingegen im niedersächsischen und schleswig-holsteinischen Küstengebiet erst während eines weitflächigen Zurückweichens (Regression) des Meeres um Chr. Geburt. Für die bäuerlichen Siedler in den unbedeichten Seemarschen bildeten die höheren Partien der Salzmarschen eine gute Viehweide für Rinder, während die niedrigeren Bereiche nur für Schafhaltung geeignet sind. Die Seemarschen weisen einen hohen Salz- und Kalkgehalt auf. Die Flussmarschen entstehen hingegen unter brackischen Bedingungen oder im Süßwasserbereich.

In den sich seewärts ausdehnenden Salzbinnenwiesen *(Juncetum geradi)* weideten bereits die Schafe und Rinder

Höhere Fluten höhen die Salzmarschen mit Sanden und Tonen auf, so dass charakteristische Anwachsschichten entstehen. Foto: Dirk Meier

Die Wirtschaftsweise in der unbedeichten Seemarsch ist von den Umweltbedingungen abhängig. Auf den höheren Partien der Uferwälle liegen die Äcker und weiden Rinder, die niedrigeren Salzmarschen dienen als Schafweide.
Grafik: Dirk Meier

der ersten Siedler. Diese dienten auch als Heuwiesen. In den niedrigeren Partien der Seemarschen, den Andelrasenflächen *(Puccinellietum maritimi)* fanden – wie in unseren heutigen Vorländern – nur Schafe Nahrung, in den höheren auch Rinder. Die jungen Seemarschen weisen dabei besonders kalkreiche Böden auf, die älteren Marschen sind kalkärmer und damit weniger fruchtbar.

Neben der Landwirtschaft nutzten die Siedler die natürlichen Ressourcen des Wattenmeeres. So gelangten früher wandernde Fische, wie Lachse und Störe, auf ihren Laichzügen regelmäßig in das Wattenmeer sowie in die Flussmündungen und waren daher leicht zu erbeuten.

Vor der Bedeichung der Marschen im 12. Jahrhundert spielt neben den bodenkundlichen Komponenten deren Höhenlage eine wichtige Rolle für die Besiedlung und Nutzung. Unter natürlichen Bedingungen wachsen die Seemarschen nahe an der Küste, an Flüssen oder Prielen am höchsten auf, da hier das Meer die meisten Schwemmstoffe ablagert. In der Zeit vor der Bedeichung suchten die ersten Siedler in den Seemarschen solche Uferwälle auf, da sie hier die besten Möglichkeiten für die Anlage ihrer Hofstellen, für Viehhaltung und saisonalen Ackerbau während der Sommermonate vorfanden. Zwar überschwemmten höhere Sturmfluten die Uferwälle und drangen in das Hinterland vor, lagerten hier aber kaum noch Schwemmstoffe ab. Mit der Zeit wuchsen so die nahe der Küste gelegenen Seemarschen höher auf, während das Meer keine Sinkstoffe mehr im Hinterland ablagerte. In diesen Sietländern, deren natürliche Entwässerung vor der Anlage künstlicher Sielzüge und Siele nur die Priele bildeten, entstanden Schilfsümpfe und Moore. Solche Schilfsümpfe bedeckten etwa den gesamten Bereich des heutigen inneren nordfriesischen Wattenmeeres, den inneren Teil der Dithmarscher Seemarsch sowie der niedersächsischen und nordniederländischen Küste ebenso wie der Flussmarschen. Sie verschwanden erst infolge ihrer Urbarmachung durch den Menschen.

Infolge der Eindeichungen und der Beweidung des Vorlandes waren natürliche Salzmarschen bis vor 15 Jahren nahezu verschwunden. Erst mit dem Rückdrängen der Vorlandbeweidung durch Schafe und die Einbeziehung der Vorländer mit Ausnahme der Küstenschutzzone in den Nationalpark Wattenmeer hat man die Salzmarschen wieder

Auf den heutigen Halligen, wie hier auf Hooge, hat sich noch die historische Wirtschaftsweise in der unbedeichten Marsch weitgehend bewahrt, auch wenn diese heute von niedrigen Ringdeichen geschützt werden. Bei Sturmfluten bilden die Warften den wichtigsten Schutz.
Foto: Dirk Meier

ihrer natürlichen Entwicklung überlassen, so dass sich hier eine reiche Vegetation ausbilden kann. Die traditionelle Nutzung solcher nicht von Winterdeichen geschützten Marschen lässt sich heute noch auf den nordfriesischen Halligen beobachten.

Die heutigen Halligen sind nicht etwa Reste der mittelalterlichen Marsch, sondern über dieser meist erst seit dem 16. Jahrhundert aufgewachsen. Die Wirtschaftsform der Viehhaltung in den umgegebenen Salzmarschen erinnert noch entfernt an die historische Wirtschaftsweise vor der Bedeichung der Seemarschen, auch wenn der Tourismus die Halligen heute stark überprägt hat. Auf den vom Nationalpark Schleswig-Holsteinisches Wattenmeer umgebenen nordfriesischen Halligen bilden bis heute die Warften den wichtigsten Schutz des Menschen, seiner Habe und des Viehs vor dem stürmischen Meer.

Charakteristisch für die Halligen ist die traditionelle Wasserversorgung, die erst nach der Sturmflut 1962 durch Trinkwasserleitungen vom Festland abgelöst wurde. So waren früher auf den Halligen die Wasserversorgung für Mensch und Vieh voneinander getrennt. Die ursprüngliche zentrale Wasserversorgung für das Vieh bildete der Fething. Den Menschen diente das von den Dächern bei Regen herabfließende Regenwasser, das durch gepflasterte Rinnen in Zisternen geleitet wurde. Diese flaschenförmig aufgebauten,

Auf den Halligwarften sind traditionell die Trinkwasserversorgung für Mensch und Tier voneinander getrennt. Für das Tränken des Viehs bediente man sich aus dem Fething, der sein Wasser aus dem Grund- und Regenwasser bezieht. Die Menschen bezogen ihr Trinkwasser aus Sodenbrunnen oder Zisternen (Soden), die Regenwasser speicherten.
Grafik: Dirk Meier

bis in das 12. Jahrhundert auf den mittelalterlichen Warften der Seemarschen nachweisbaren Sode waren mit Erdsoden, seit der frühen Neuzeit meist mit Backsteinen, verkleidet. Die kleine Öffnung ließ sich mit einem Deckel verschließen, um bei einer Überschwemmung der Hallig das Eindringen von Salzwasser zu verhindern. Aus diesen Zisternen schöpften die Bewohner das Wasser mit Eimern, die an Brunnenbäumen hingen oder an langen Stangen befestigt waren. Neben den Soden waren seit der frühen Neuzeit auch steinerne Noste, ehemalige Särge, als Trinkwasserreservoire in Gebrauch. Am Rande mancher Warften befand sich als Speicherbecken für Regenwasser ein Scheetels (Skedels), von dem das Wasser durch ein Rohr zum Fething geleitet wurde. Durch ein verzweigtes Rohrsystem gelangte das Tränkwasser in Brunnen, die sich meist an den Stallenden befanden. Fething, Leitungen, Zisternen und Brunnen wurden beim Neubau einer Warft mitgeplant. Erst dann erfolgte die Aufschüttung der Warft mit Klei, der dann mit Grassoden abgedeckt wurde.

Die auf den Warften errichteten Häuser besaßen noch in der Neuzeit tief in den Warftkörper eingelassene Pfosten, die bei Sturmfluten das Dach stützten, auf das sich die Bewohner flüchten konnten, wenn die Sturmflut die Warft überschwemmte und die Wellen an die Wände der Häuser schlugen. In den neuen Hallighäusern sind heute spezielle Schutzräume vorhanden.

Nieder- und Hochmoore

Große Teile des Elbe-Weser-Gebietes ebenso wie den inneren Teil Dithmarschens und Nordfrieslands bedeckten ursprünglich Moore. Als Folge von Versumpfungen im Bereich des Grundwassers, teils in Senken und Niederungen, entstanden zunächst Niedermoore. Diese weisen aufgrund der Bindung an das Grundwasser eine große Artenvielfalt auf. Die Ausbreitung solcher Niedermoore im Sietland, in Bach- und Flusstälern im Küstengebiet ist eng verbunden mit dem durch den Meeresspiegelanstieg verursachten Anstieg des Grundwassers, als dessen Folge ursprünglich weitgehend trockene Niederungen vermoorten.

Das Sehestedter Außendeichs-moor am südlichen Jadebusen ist ein einmaliges Naturdenk-mal. Foto: Hans-Jürgen Streif

Im Unterschied zu den Niedermooren sind Hochmoore unabhängig vom Grundwasser und ernähren sich allein vom Niederschlagswasser. Da dieses nährstoffarm ist, wachsen in den Hochmooren nur wenige anspruchslose Pflanzen wie Torfmoose, Wollgräser und einige Heidekrautgewächse.

Das Einsetzen der großflächigen Hochmoorbildung hängt mit dem Vordringen der Nordsee und dem damit verbunde-nen feuchten Klima in den heutigen Küstenbereich eng zu-sammen. Schon südlich der Linie Osnabrück–Hannover finden wir kaum noch Hochmoore. Viele der heutigen Hochmoore im Elb-Weser-Gebiet wie das Ahlemoor, das Kehdinger Moor oder das Teufelsmoor begannen ihr Wachs-tum um 3.000 v. Chr. und dehnten sich in der Folgezeit rasch aus. Sie zeigen in ihrem Aufbau oft eine markante Zweitei-lung in den unteren stark zersetzten Schwarztorf und obe-ren schwach zersetzten Weißtorf. Dieser Wechsel der Torfart ist eine Folge einer seit 1.000 v. Chr. einsetzenden Klimaver-schlechterung mit höheren Niederschlägen und geringerer Verdunstung. Je nach den lokalen Entwässerungsbedingun-

Bis zur Bedeichung und Urbarmachung der Sietlandsmar-
schen bedeckten Nieder- und
Hochmoore die inneren Bereiche der See- und Flussmarschen. Das Foto zeigt das unter
Naturschutz stehende Weiße
Moor in Norderdithmarschen.
Foto: Dirk Meier

gen reagierten die Moore zeitlich unterschiedlich auf diese
Klimaverschlechterung, weshalb die Altersdatierungen des
Schwarzmoor-Weißmoor-Kontaktes über 1000 Jahre streu-
en können.

Wie man sich eine solche Moorlandschaft im Küstengebiet vorstellen kann, vermittelt das Sehestedter Außendeichsmoor im Südosten des Jadebusens. Als einziges
Außendeichsmoor der Nordseeküste ist es heute ein be-
sonderes Naturschutzgebiet. Dieses bildete sich als Folge
großflächiger Vermoorungen zwischen Ems und Weser zwischen 3.600–2.800 v. Chr. sowie zwischen 1.700–300 v. Chr.
Das Moor wurde danach nicht mehr vom Meer überflutet
und mit Sedimenten bedeckt. Erst nach dem Einbruch des
Jadebusens im 16. Jahrhundert stieß das Meer wiederum
bis zum Sehestedter Moor vor. Das heutige Moor ist der
Rest eines etwa 135 ha großen Hochmoores, das 1725 beim
Bau des neuen Deiches ausgedeicht wurde. Um das welt-
weit einzige Außendeichsmoor nicht zu gefährden, erhöhte
man hier den Deich 1984 mit einer Stahlspundwand. Wenn
heute Sturmfluten das Moor in einer Höhe von NN +3,25 m
erreichen, schwimmt das Moor leicht auf. Unter dem
schwimmenden Moor wird dann Schlick abgelagert.

Infolge der hoch- und spätmittelalterlichen Moorkultivierung sind die Sietlandsmoore im Nordseeraum, die einst
weite Bereiche der inneren See- und Flussmarschen bedeckten, bis auf Reste verschwunden. Der Rest so eines
Sietlandsmoores ist beispielsweise das unter Naturschutz

stehende Weiße Moor in Norderdithmarschen, dessen Bildung im 3./4. Jahrhundert n. Chr. einsetzte und sich dann weiter ausdehnte.

Dünen

Dünen entstehen durch Flugsand und mitgeführte Sande des Meeres in mehreren Phasen. Die verschiedenen Dünenformen unterscheiden sich dabei aufgrund der Fauna. Die Primär- oder Vordüne bezeichnet den Bereich zwischen Spülsaum und Dünengürtel mit hohem Feuchtigkeitsgehalt, aber nur geringerem Salz- und Nährstoffgehalt. Hier finden sich noch salztolerante Pflanzen wie bspw. Binsen-Quecke *(Elymus farctus)*, das Kali-Salzkraut *(Salsola kali)* oder die Salzmiere *(Honckenya peploides)*.

Zu den geologisch jungen Bildungen im Wattenmeer gehören Sände und Dünen. Das Foto zeigt die Dünen am Juister Westerstrand.
Foto: Arne Hückelheim

Das Listland auf der Insel Sylt formen bis heute Dünen, im Vordergrund erkennt man die große Wanderdüne. Der 1292 erstmals urkundlich erwähnte Ort List wurde mehrfach infolge von Sturmfluten zerstört. Die heutige Form des Ellenbogens entstand erst in der frühen Neuzeit. Nördlich von List liegt – getrennt durch das Lister Tief – die dänische Insel Röm.
Foto: Walter Raabe;
Quelle: Dirk Meier, Die Nordseeküste. Geschichte einer Landschaft (Heide ²2007), S. 176

Aus dem reinen Quarzsand der Primärdüne bildet sich die Weißdüne. Ihre erste Bodenbildung mit geringem Nährstoffgehalt bedecken Strandhafer, Strandroggen, Filziger Pestwurz und Stranddistel.

Aus der Weißdüne geht die flachere Graudüne mit geringer Hangneigung hervor. Aufgrund der fortgeschrittenen Bodenbildung weist die Graudüne mit Strand-Beifuß, Kartoffel-Rose, Becher- und Laubflechte, Habichtskraut, Silbergras, Kriech-Weide, Mauerpfeffer und Dünenrose den reichsten Vegetationsgürtel des gesamten Dünenbereichs auf. Ihre Färbung entsteht durch abgestorbenes Pflanzenmaterial. Bei nicht beweideten Graudünen wachsen auch Krähenbeeren und Besenheiden.

Die Bodenbildung der von einer geschlossenen Vegetationsdecke überzogenen Braundünen bestimmen nährstoffarme Sande. Zwar führt die Vegetation den Böden aber organische Substanzen zu, doch werden diese allerdings wieder durch Regenfälle ausgewaschen, was zu einer Bodenversauerung (Podsolierung) der Böden führt. Typische Pflanzen und Pflanzengesellschaften der Braundünen sind Heide, Krähenberge, Tüpfelfarn, Kriech-Weide und Sanddorn.

Bei den Wanderdünen, wie sie heute noch auf dem Listland der Insel Sylt oder an der Nordwestküste Jütlands erhalten sind, verhindert hingegen die ständige Sandzufuhr einen natürlichen Bewuchs. Im Laufe der Geschichte haben immer wieder Wanderdünen Wirtschaftsflächen und Dörfer – wie Rantum an der Westküste Sylts – unter sich begraben. Auch Sandflug nach starken Stürmen bildete immer wieder ein Problem für die landwirtschaftlichen Nutzflächen.

Andererseits bieten die Dünen auch einen willkommenen Küstenschutz, die deshalb seit der frühen Neuzeit mit Strandhafer bepflanzt wurden. Aufgrund ihrer Bedeutung für den Küsten- und Vogelschutz kann man die Dünengebiete heute nur auf bestimmten Wegen betreten. Einige Dünen wurden seit der frühen Neuzeit auch mit Bäumen bepflanzt, wobei aufgrund der salzhaltigen Luft aber nur Kiefern übrig blieben. Viele Küstendünen sind auf Nehrungen (wie auf Sylt) oder auf Sänden (Ostfriesische Inseln) aufgewachsen.

Die Insel Trischen vor der Dithmarscher Küste besteht aus Sand, der von der Meeresströmung über dem Hochwasserstand angehäuft wurde. Im Westen sowie an Nord- und Südspitze der halbmondförmigen Insel befinden sich bis zu drei Meter hohe Dünen, denen eine Sandplate vorgelagert ist. Im geschützteren Osten haben sich Salzwiesen gebildet.
Foto: Walter Raabe

Sandbänke

Sandbänke entstehen aus Ablagerung von Sanden und Kiesen. Sie werden durch Tiden und Strömung gebildet. Täglich trockenfallende Sandbänke werden auch als Platen bezeichnet. Höher aufgewehte Sandbänke werden nicht mehr vom Mittleren Tidehochwasser überschwemmt. Auf einigen Sandbänken sind im Laufe der Zeit Dünen aufgeweht. So entstanden die West- und Ostfriesischen Inseln. Die sich

Der Süderoogsand ist der größte und südlichste der drei nordfriesischen Außensände im Nationalpark Schleswig-Holsteinisches Wattenmeer, die westlich der Halligen liegen. Sie unterliegen bis heute einer natürlichen Dynamik von Meeresströmungen und Wind.
Foto: Walter Raabe

durch Wind und Strömung in ihrer Lage immer wieder wandelnden Sände bildeten früher eine Gefahr für die Schifffahrt. Zu den bekannten Sandbänken im deutschen Wattenmeer gehören beispielsweise der Memmert, Trischen, Süder- oder Norderoogsand.

Geest

Unter der Geest im Nordseeküstengebiet werden die eiszeitlichen Altmoränen der Saale-Eiszeit und Sandgebiete verstanden. Kennzeichnend für große Teile der Geest sind lehmige Sandböden oder nährstoffarme, trockene Sandböden. Mit der nacheiszeitlichen Wiederbewaldung bildeten sich Braunerden. Infolge der Auswaschung ihrer Tonbestandteile aus dem Oberboden nach Regenfällen und deren Anreicherung im Unterboden entstanden daraus Parabraunerden als gebleichte Böden. Noch stärker ausgewaschen sind die Podsole mit ihren stark eisenhaltigen, bodenverdichtenden Horizonten, wie sie insbesondere auf den reinen Sandböden vorkommen.

Unter dem Rohhumus liegt hier oft 15–20 cm Bleichsand, gefolgt von einer stark eisenhaltigen Ortsteinschicht. Darunter folgt der gelbe Sand des Ausgangsmaterials. Neben diesen Böden sind auf der Geest auch Niederungsböden ver-

In Dithmarschen grenzen die Altmoränen der Saale-Eiszeit (Geest) an die alte Marsch. Am „Klev" bei Hopen fallen die Moränen steil ab, Heide bedeckt den Geestrand.
Foto: Dirk Meier

Dem Altmoränenkern der Insel Amrum sind Dünen und der breite Kniepsand vorgelagert.
Foto: Walter Raabe

treten, deren Ausbildung eine Folge der Grundwasserschwankungen ist. Ansteigendes Grundwasser führte hier zu Bildung von Stauwasserböden, sog. Gleyen und Pseudogleyen.

Die so verarmten Geestböden besaßen nur eine geringe Regenerationskraft, zumal diesen durch den seit der Jungsteinzeit einsetzenden Ackerbau, Viehhaltung und andere menschliche Eingriffe Nährstoffe entzogen wurden. Bereits während der Jungsteinzeit, stärker noch in der Bronzezeit, kam es auf den gerodeten Flächen zur Bildung von Heiden. Diese Offenlandflächen bewaldeten sich später wieder, da die Siedlungen in dieser Zeit öfter verlegt wurden und noch nicht die Platzkonstanz mittelalterlicher Dörfer aufwiesen. Seit dem 12. Jahrhundert erfolgte für die Anlegung neuer Felder und Orte eine umfassende Rodung der alten Wälder in kurzer Zeit, worauf Dorfnamen mit Endungen auf -holt, -lohe und -horst hindeuten.

Mit den armen Sandböden ist eine besondere Wirtschaftsform verbunden. Es ist die Plaggenwirtschaft deren flächenhafter Beginn in Norddeutschland an die Einführung des Winterroggenbaus auf immer denselben Feldern gekoppelt ist. Da sich im Mittelalter auf den armen Sandböden keine Dreifelderwirtschaft betreiben ließ, folgte hier im „ewigen Roggenbau" immer wieder Winterroggen auf Winterroggen. Dazwischen waren die Felder nur zwei Monate unbebaut – eine viel zu kurze Zeit für die Regeneration der armen Sandböden. Mit der Einführung dieser Wirtschaftsform wurde zugleich eine regelmäßige Düngung notwendig. So begann man in den Wäldern humusreiche Soden, Plaggen, zu stechen und auf die Felder zu bringen. Nach dem Rückgang der Wälder wich man auf Heideplaggen aus, die man in den Ställen mit dem Dung vermischte, kompostierte und auf die Äcker brachte. Auf diese Weise entstanden die Plaggenesche, Auftragsböden von bis zu über einem Meter. Aufgrund der ständigen Humusentnahme degenerierten die Böden und die Regenerationszeiten für die Heiden wurden immer länger, teilweise breitete sich Sand aus und Dünen entstanden.

Vereinzelt reicht die Plaggenwirtschaft, wie in Archsum auf Sylt nachgewiesen, bis in die vorrömische Eisenzeit (500 v. Chr. bis Chr. Geburt) zurück. Auf dem dortigen Moränenkern bestanden in dieser Zeit mehrere Siedlungen, deren Weideland die umliegende Seemarsch war, die sich jedoch infolge von Sturmfluten immer weiter verkleinerte. Gleichzeitig drängten sich auf dem kleinen Geestkern die Siedlungen mit ihren Wirtschaftsflächen dicht zusammen. Zur Verbesserung der armen Sandböden brachten die Siedler abgestochene Humusplaggen auf. Auf den so mühselig verbesserten Äckern erntete man in der Eisenzeit Nackt-

Das 52 m hohe „Rote Kliff" bei Kampen auf Sylt formten die Gletscher der Saale-Eiszeit. Das Foto zeigt die Abbruchkante des rostroten Geschiebelehms. Foto: wikimedia

gerste, Spelzgerste, Emmer und Weizen. Kurz vor Chr. Geburt entstand eine ausgedehnte dichte Bebauung von scheinbar längerer Ortskonstanz gegenüber den Wandersiedlungen früherer Zeit. Rund 20 Fundstellen deuten auf verstreut liegende Einzelgehöfte und weilerartige Ansiedlungen hin. Wie die Ausgrabungen auf dem Melenknop zeigen, zeichnen sich die Wohnplätze seit der vorrömischen Eisenzeit auf dem kleinen Geestkern durch eine lange Platzkonstanz aus. Wurde ein Gebäude abgebrochen, entstand über seinen eingeebneten Resten ein neues. So wuchsen die Wohnplätze auf ihrem eigenen Schutt langsam in die Höhe. Die archäologischen Untersuchungen belegen die Existenz mehrerer solcher Siedlungshügel, die von der vorrömischen Eisenzeit bis zur Völkerwanderungszeit bestanden. Während die Gehöftgrößen variierten, blieb der Gebäudetyp unverändert. Viele der Wohnstallhäuser mit Kleisodenwänden wiesen gepflasterte Dielen auf. In den Wohnbereichen der dreischiffigen Pfostenbauten existierten ein Lehmestrich sowie Herdstellen mit einem Fundament aus Steinen oder Scherben. Das Vieh war beiderseits des gepflasterten Steingangs in Boxen aufgestallt. Die ältesten Wohnstallhäuser auf dem Melenknop wurden vor dem Beginn der neuen Bebauung um die Mitte des 1. oder in der zweiten Hälfte des 1. Jahrhunderts n. Chr. planiert und mit einer Kleiauflage bedeckt. An die Stelle der kleineren Wohnstallhäuser trat nun ein über Jahrhunderte dominierendes Gehöft mit einem immer wieder umgebauten Langbau. Den Bewohnern der Siedlung diente eine nahegelegene Ringwallanlage, die Archsum-Burg, als Kultstätte.

Die Armut der Böden auf den Geest- und Düneninseln war auch die Ursache dafür, dass sich in der frühen Neuzeit fast die gesamte männliche Bevölkerung bis auf die Kinder und Alten auf Walfangschiffen als Besatzungen verdingte.

Eine typische Wirtschaftsform auf den armen Geestböden des Küstengebietes war die Plaggenwirtschaft, bei der man die Äcker mit abgestochenen Humusplaggen aufhöhte, wie dies in Archsum auf Sylt seit der vorrömischen Eisenzeit nachgewiesen ist. Grafik: Dirk Meier

Die Entstehung des Naturraums

Die Entstehung des heutigen Nordseeküstengebietes mit seinen Watten, Marschen und bewaldeten Geestkuppen geht zurück auf die Eiszeiten, den Anstieg des Meeresspiegels in der Nacheiszeit (Holozän) und den damit verbundenen Transport von Sanden, Tonen und Kiesen (Sedimenten) in das Küstengebiet. Ursache für die Schwankungen des globalen Meeresspiegels sind die Klimaschwankungen. In einem besonderen Maße gilt das in der Erdgeschichte für das Quartär, dem jüngsten, vor ca. 2,1 Millionen Jahren beginnenden Zeitabschnitt. Während der Kaltphasen des Quartär wuchsen die Eismassen der Antarktis und Grönlands an. Daneben entstanden weitere Eisschilde in höheren Breiten auf der Nordhalbkugel.

In das nördliche Mitteleuropa schoben sich dabei wiederholt die Eismassen aus Skandinavien vor. Während der Saale-Eiszeit vor 245.000 (230.000) bis 128.000 (130.000) Jahren reichten die maximale Eisverstöße des Drenthe- sowie des Warthestadiums bis an den Rand der Mittelgebirgsschwelle und begruben somit auch die Niederlande, Niedersachsen und Schleswig-Holstein unter sich.

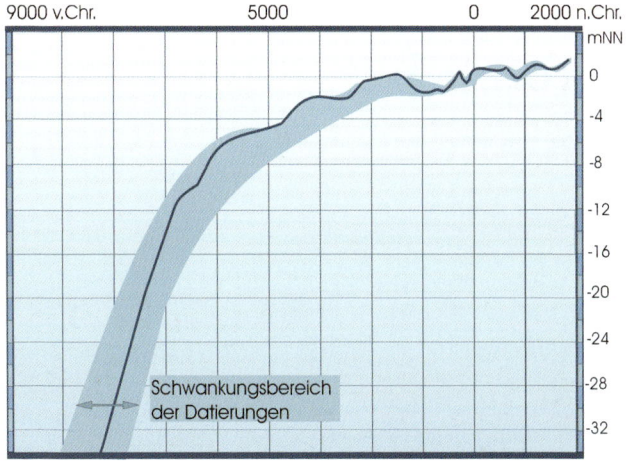

Nach der letzten Eiszeit stieg mit wärmer werdendem Klima der Meeresspiegel bis um 5.000 v. Chr. steil an und dann nur noch geringer, wobei sich Vorstöße des Meeres (Trangressionen) und Rückzüge (Regressionen) abwechselten.
Grafik: Dirk Meier

Das Abschmelzen der gewaltigen Gletschermassen verursachte einen weltweiten Anstieg des Wasserstandes. Infolgedessen drang das nach einem Flüsschen in Holland genannte Eem-Meer bis in das heutige Nordseeküstengebiet vor und erreichte die Altmoränen, d.h. die Schuttmassen der saaleeiszeitlichen Geestkerne Nordwestdeutschlands. Mit der Wiedererwärmung wich die spärliche arktische Tundrenvegetation einer Bewaldung aus Birken und Kiefern, später wanderten Edel- und Weißtanne, Erle, Hasel und Hainbuche nach Nordwestdeutschland ein. Waldelefanten und Dammwild durchstreiften die Wälder.

Jäger und Sammler der mittleren Altsteinzeit suchten auf ihren Streifzügen Nordwestdeutschland auf, wie der Neandertaler-Werkplatz von Drelsdorf in Nordfriesland oder die Flintabschläge einer Kiesgrube in Schalkholz in Dithmarschen zeigen. Die in Drelsdorf gefundenen groben Abschläge von Flintknollen und ein Faustkeil lagen nahe eines Sees, der später vermoorte. Das Klima wandelte sich jedoch erneut und die vor 128.000 Jahren angefangene Eem-Warmzeit ging vor etwa 117.000 Jahren zuende.

Mit der beginnenden Weichsel-Eiszeit vor 117.000 bis 11.560 Jahren wurde es – allerdings unterbrochen durch wärmere Phasen (Interstadiale) – langsam wieder kühler. Während eines ersten Kältemaximums vor 100.000 Jahren war der östliche Bereich der jütischen Halbinsel wiederum

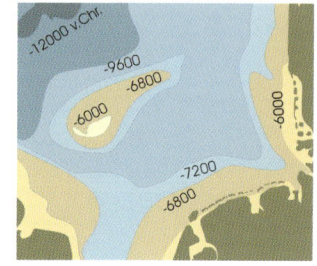

Nach dem Schmelzen der Gletscher überschwemmte die Nordsee seit 12.000 v. Chr. die flachen Sanderebenen der Nordsee, um 6.800 Jahren v. Chr. war die Doggerbank noch eine Insel und um etwa 6.800 v. Chr. erreichte das Meer das Vorfeld des heutigen Nordseeküstengebietes.
Grafik: Dirk Meier

An der West- und Südküste Föhrs grenzen die Altmoränen der vorletzten Eiszeit noch direkt an das Wattenmeer.
Foto: Dirk Meier

von Gletschern bedeckt, bevor sich das Eis wieder während einer wärmeren Phase (Interstadial) zurückzog. Ein nächster maximaler Eisvorstoß vor 100.000 Jahren und 60.000 Jahren (Schalkholz-Stadial) erreichte immerhin noch die heutige südliche Ostseeküste, ob darüber hinaus die Gletscher noch weiter vorstießen, ist unklar. Vor 30.000 Jahren, während des Weichsel-Hochglazials setzte eine Periode massiver Vergletscherungen ein. Verglichen mit der Gesamtdauer der Weichsel-Kaltzeit war das Hochglazial jedoch nur eine kurze Periode.

Die Gletscher dieser Eiszeit stießen bis nach Ostschleswig, Ostholstein und das nördliche Mecklenburg vor, ließen aber das heutige Nordseeküstengebiet eisfrei. Noch vor 25.000 Jahren war das Gebiet südlich der Ostsee nicht vergletschert; doch vor etwa 22.000 bis 21.000 Jahren (Brandenburger Stadium) erreichte das Eis seine maximale Ausdehnung ungefähr 50 km südlich von Berlin. In dem westlich des Eisrandes liegenden Nordfriesland und Dithmarschen herrschte ein hocharktisches Klima, und der bis in große Tiefen gefrorene Untergrund taute nur während der kurzen Sommer auf. Am Gletscherrand wehte ein starker Wind, der Sande verfrachtete und die Landschaftsformen einebnete. Aus den Talsandlandschaften ragten nur die Kuppen der Altmoränen heraus. Vom Weichsel-Eisrand flossen große Schmelzwässer durch die flachen Sanderebenen nach Westen, deren Täler sich noch teilweise am Grund der Nordsee abzeichnen. Der Abfluss der Schmelzwässer im Raum Hamburg erfolgte dabei durch das 10 bis 30 km breite Elbeurstromtal.

Vor 17.000 Jahren wurde infolge des wärmer werdenden Klimas zunächst der Berliner Raum, vor 13.000 Jahren die heutige mitteleuropäische Ostseeküste wieder eisfrei. Nach einem letzten Kälterückschlag, der Jüngeren Dryaszeit, endete die Weichsel-Eiszeit mit einem abrupten Temperaturanstieg ca. 9.660 ± 40 v. Chr. Damit begann das Holozän, das heutige Interglazial.

Die Gletscher und Schmelzwasserströme der Saale- und Weichsel-Eiszeit formten dabei die charakteristischen Landschaftsformen der norddeutschen Tiefebene. Die Gletscher führten gewaltige Schuttmassen mit sich, die nach dem Auftauen als Moränen aus Sand, Lehm und Gesteinsschutt zurückblieben. Das Vordringen und auch das Abtauen der

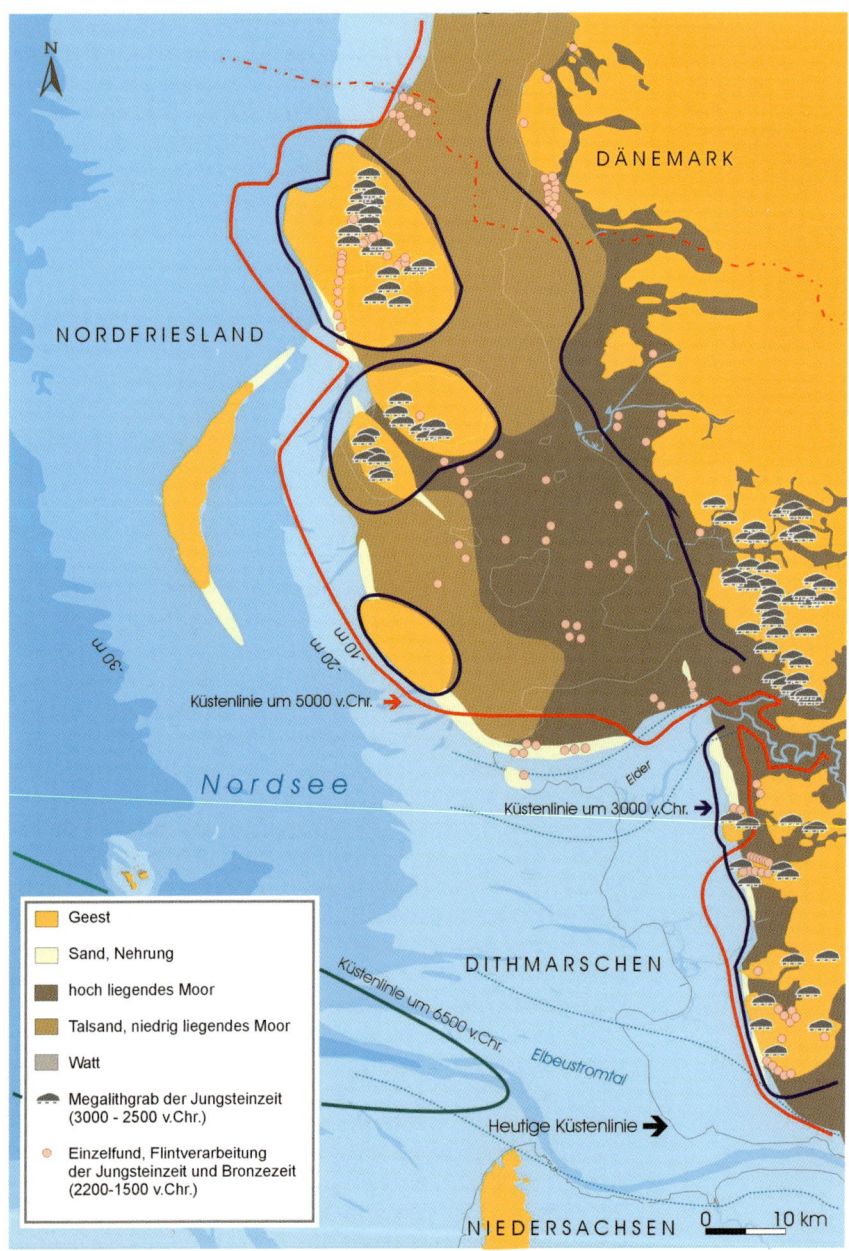

Legend:

- Geest
- Sand, Nehrung
- hoch liegendes Moor
- Talsand, niedrig liegendes Moor
- Watt
- Megalithgrab der Jungsteinzeit (3000 - 2500 v.Chr.)
- Einzelfund, Flintverarbeitung der Jungsteinzeit und Bronzezeit (2200-1500 v.Chr.)

Map labels:
N
DÄNEMARK
NORDFRIESLAND
Nordsee
Küstenlinie um 5000 v.Chr.
Küstenlinie um 3000 v.Chr.
Eider
DITHMARSCHEN
Küstenlinie um 6500 v.Chr.
Elbeurstromtal
Heutige Küstenlinie
NIEDERSACHSEN
-30 m
-20 m
-10 m
0   10 km

Die Nordseeküste Schleswig-Holsteins unterlag im Laufe der Zeit einem erheblichen Wandel. Nachdem das Meer im Zuge des nacheiszeitlichen Meeresspiegelanstiegs erstmals in das Elburstromtal vorgedrungen war, erreichte es um 5.000 v. Chr. die weit nach Westen reichenden alten nordfriesischen Geestkerne und kurz danach die von Dithmarschen. In der Folgezeit bildeten sich Nehrungen und Moore.
Grafik: Dirk Meier

Eismassen erfolgte nicht gleichmäßig. Rückzugsphasen und erneutes Vordringen wechselten sich ab. Die mitgeführten Schuttmassen der Saale-Eiszeit blieben dabei als Altmoränen in der Landschaft zurück. Dazu gehören in Nordfriesland die Geesthöhen von Stollberg und Schwabstedt, in Dithmarschen die verschiedenen Geesthöhen von Meldorf bis Burg sowie südwestlich der Elbe die Geestplatten Nordwestniedersachsens.

Der nacheiszeitliche Meeresspiegelanstieg und frühe Nutzung der Küsten

Neben den Einwirkungen des Eises auf die Gestaltung der Oberfläche lösten die Klimaänderungen weltweite Veränderungen des Meeresspiegels aus. In den Kaltzeiten fiel der Meeresspiegel wiederholt um 130 m, während er in den Warmzeiten anstieg, so dass sich an den Flachküsten die Küstenlinien verschoben. Steuernder Faktor dieses Wandels waren vor allem die Veränderungen des Großklimas. Regional spielen – wenn auch im nordwestdeutschen Nordseeküstengebiet weniger bedeutend – horizontale Bewegungen der Erdkruste eine Rolle. So ist das Nordseebecken bereits seit sehr langer Zeit ein Senkungsgebiet, während sich das von der Eislast befreite Skandinavien hebt. Die deutsche Küste sinkt etwa um einem Wert, der kleiner als 1 cm pro Jahrhundert ist.

Wichtiger für die Gestaltung der Nordseeküsten als die Schwankungen der Erdkruste sind die globalen Klimaänderungen. In der extremsten Kälteperiode der Weichsel-Eiszeit vor 22.000 Jahren sank der Meeresspiegel auf etwa 110 bis 130 m unter das heutige Niveau. Die Küstenlinie der Nordsee verlief während dieser Zeit weit nördlich der Doggerbank. Im südlichen Nordseeraum dehnten sich weite, flache, von Gletscherströmen durchzogene Sanderebenen aus. Mit der Wiedererwärmung und dem Rückgang der großen Gletscher am Ende der letzten Eiszeit stieg der Meeresspiegel zunächst sehr schnell an. Die Nordsee drang in der Folgezeit stetig nach Süden vor und schob infolge des ebenfalls steigenden Grundwasserspiegels einen Vernässungsgürtel mit Mooren vor sich her. Die dabei vom Meer überschwemmten Torfe werden Basistorfe genannt, weil sie weit bis in das heutige

Inland an der Basis der nacheiszeitlichen Schichtenfolge liegen. Entsprechend ihrer Höhenlage sind sie verschieden alt
und liefern die wichtigsten zeitlichen Fixpunkte für den Anstieg des Meeresspiegels, da sie sich mit Hilfe der Radiokar-
bonmethode und Pollenanalyse zeitlich einordnen lassen.

Anhand dieser Datierungen und meeresgeologischer Untersuchungen lag der Nordseespiegel während der frühen
Phase der Weichsel-Eiszeit bereits mehr als 40 m unter seinem heutigen Niveau. Nach 9.000 v. Chr. überspülte das
Meer eine Schwelle westlich der Doggerbank, umfasste diese von Süden, drang 1000 Jahre später entlang des Aus-
laufs der Elbe in die Helgoländer Rinne weiter nach Süden
vor und breitete sich nach Westen aus, so dass die Doggerbank zur Insel wurde. Zwischen 7.700 und 7.000 v. Chr.
kann man auf einen Anstieg des Meeresspiegels von etwa
2,30 m pro Jahrhundert schließen. Infolge des weiter ansteigenden Meeresspiegels verkleinerte sich die Sandinsel der
Doggerbank ständig, bis sie nach gut 2000 weiteren Jahren
verschwand. Wie der Fund eines bearbeiteten Knochenge-
rätes aus der Zeit um 6.050 v. Chr. andeutet, suchten zu dieser Zeit noch Jäger und Sammler diese Region auf. Um
7.000 v. Chr. war der Ärmelkanal in die spätere südliche
Nordsee durchgebrochen, was auch zu einer Veränderung
der Lage der Tidezonen führte. Die Mündungen von Rhein,
Maas und Themse schufen noch brackige Bedingungen,
voll marine Verhältnisse traten erst 6.000 v. Chr. ein.

Neben den Veränderungen der Küstenlinien änderte sich
infolge des wärmer werdenden Klimas auch die Vegetation.
Anstelle der Tundrenvegetation, welche die weiten Sanderebenen des heutigen Nordseegebietes geprägt hatte, breiteten sich Kiefern und Birken aus. Solche Wälder ebenso
wie Moore erstreckten sich um 7.000 v. Chr. noch zwischen
dem heutigen Withby in Nordengland und Nordjütland. Jäger und Sammler der mittleren Steinzeit (Mesolithikum)
durchstreiften diese Gebiete. Das Vordringen des Meeres
infolge des nacheiszeitlichen Meeresspiegelanstiegs verkleinerte langsam aber stetig deren Lebensraum. Zwischen
7.000 und 6.000 v. Chr. kam es zu einer Massenausbreitung
der Hasel, deren Nüsse das Nahrungsangebot bereicherten.
Das wärmeren und feuchte Klima des Atlantikums um 6.000
v. Chr. verdrängte Hasel und Kiefer, stattdessen breiteten
sich Linde und Eiche aus.

In der Zeitspanne des starken Meeresspiegelanstiegs zwischen etwa 9.000 und 5.500 v. Chr. verschob sich die Küstenlinie insgesamt mehrere 100 km landeinwärts, womit sich auch die steinzeitlichen Jäger und Sammler zurückziehen mussten. Für den Zeitraum zwischen 7.000 v. Chr. und 5.000 v. Chr. ging der Meeresspiegelanstieg erheblich zurück, zwischen 5.000 und 1.500 v. Chr. stieg das Mittlere Tidehochwasser (MThw) noch um 20 cm pro Jahrhundert, zwischen 1.000 v. Chr. und 2.000 n. Chr. dann nur noch um 11,5 cm pro Jahrhundert.

Um etwa 6.500 v. Chr. erreichte das Meer dann das Vorfeld des heutigen südlichen Nordseeküstengebietes. So grenzte das Meer nun an die Ränder der nordwestdeutschen Geestkerne der Saale-Eiszeit und stieß weit in den Bereich der heutigen Flussmündungen von Rhein, Ems, Weser, Elbe und Eider vor.

Der Lebensraum der Küsten mit dem reichhaltigen Nahrungsangebot an Wasservögeln, Seevögeln und Fischen war ideal für die mittelsteinzeitlichen Jäger, Fischer und Sammler. Sie sammelten an den Kliffs für die Werkzeugherstellung Feuerstein. Die an den Küsten lebenden Menschen mussten aber auch besonders flexibel auf die sich wandelnden Umweltbedingungen reagieren. Wie archäologische Funde aus den westlichen und nördlichen Niederlanden, im niedersächsischen Küstengebiet sowie der Elbmündung zeigen, suchten die Menschen vor allem den Rand der höheren Sandgebiete, die Dünen und Küstenbereiche auf. Jagdbeute waren die Tiere der Waldlandschaft, zu denen Elche, Hirsche, Rehe, Bären, Wildschweine und Ur gehörten. Da sich die mittelsteinzeitlichen Menschen vor allem an den Küsten und Ufern von Seen aufhielten, überflutete das Meer deren Siedelplätze, so dass diese heute unter Sedimenten oder Mooren liegen.

Diese Veränderungen der Land-Meer-Verteilung hatten einen erheblichen Einfluss auf die Gezeitenwelle und damit die Höhe des Tidenhubs, der sich ständig veränderte. Seit 3.000 v. Chr. begann sich der Meeresspiegelanstieg zu verlangsamen, Phasen eines gedämpften Anstiegs, einer Stagnation sogar vorübergehenden Absenkungen wechselten sich ab. Die einzelnen Meeresvorstöße werden dabei als Transgressionen, die Rückzüge als Regressionen bezeichnet.

Jäger und Sammler der Steinzeit nutzen den Lebensraum des Küstengebietes. Quelle: Humber Wetlands Project

Während der Regressionen bildeten sich Torfe, die infolge erneuter Meeresvorstöße überschlickt wurden. Derartige, zwischen Meeresablagerungen liegende Torfe werden oftmals bei Bohrungen im Seemarschengebiet angetroffen und als „schwimmende Torfe" bezeichnet. Wie bei den Basistorfen können auch die schwimmenden Torfe den Beginn einer Regression andeuten. Da diese teilweise bis seewärts der heutigen Küstenlinie reichen, belegen sie Veränderungen der Küstenlinien. Besonders weit verbreitet ist beispielsweise in Ostfriesland und im Wilhelmshavener Jade-Weser Raum der sog. Obere Torf aus der Zeit zwischen 1.550–1.300 v. Chr. In landeinwärts liegenden Regionen überflutete das Meer diesen Torf bereits nicht mehr. Da sich der Meeresspiegelanstieg verlangsamt hatte, wuchs das Moor dort schneller auf, als der Sturmflutspiegel Schritt halten konnte. Als eines der letzten Küstenmoore haben sich Reste des schon erwähnten Sehestedter Außendeichsmoors am östlichen Rand des Jadebusens bis heute erhalten.

Um 1.000 v. Chr. endete die Bildung des Oberen Torfes im niedersächsischen Küstengebiet und dieser wurde infolge des wieder vordringenden Meeres mit Sedimenten bedeckt. Die Auswirkungen dieses zunehmenden Meereseinflusses sind in Niedersachsen und Schleswig-Holstein zunächst nicht sehr stark gewesen. Der Meeresvorstoß endete mit dem Wachstum neuer Torfe etwa um 800 v. Chr. In dieser Zeit wuchsen im nordwestdeutschen Küstengebiet bereits an der Ems und Weser die ältesten Flussmarschen auf. Der Rückzug des Meeres zwischen 1.500 und 1.000 v. Chr. erlaubte eine erste Besiedlung der Uferwälle an der Unterweser im 9./8. Jahrhundert v. Chr., die jedoch schon bald aufgrund erneuter Überflutungen ihr Ende fand. Erst um 500 v. Chr. bildete sich hier erneut eine Marsch, die wiederum überschwemmt wurde. Auch die in der vorrömischen Eisenzeit um 650 v. Chr. errichteten Flachsiedlungen in der Emsmarsch wurden um 400 v. Chr. vom Meer überschwemmt.

In dem nachfolgenden Meeresvorstoß stieß die Nordsee wiederum in das nordwestdeutsche Küstengebiet vor. Das Meer trug teilweise den Oberen Torf im niedersächsischen Küstengebiet ab, und die Küstenlinie verschob sich weit in das Binnenland. In Ostfriesland entstanden in dieser Zeit später verlandete Buchten wie die Sielmönkener Bucht in der Krummhörn nordwestlich von Emden, die Crildumer

Das Mittlere Tidehochwasser (blaue Kurve, Alternativvorschlag rote Kurve) unterliegt entsprechend der klimatischen Entwicklung Schwankungen, ist aber auch infolge des Deichbaus und in neuester Zeit durch die vom Menschen verursachte Klimaentwicklung angestiegen. Die Menschen an der Küste mussten sich mit der Anlage ihrer Siedlungen und Wirtschaftsflächen vor dem Deichbau immer wieder den Schwankungen des MThw anpassen. Lag das MThw niedrig, war auf hohen Uferwällen die Anlage von Flachsiedlungen möglich, steigende Sturmflutspiegelstände erforderten den Bau von Wurten (Warften).

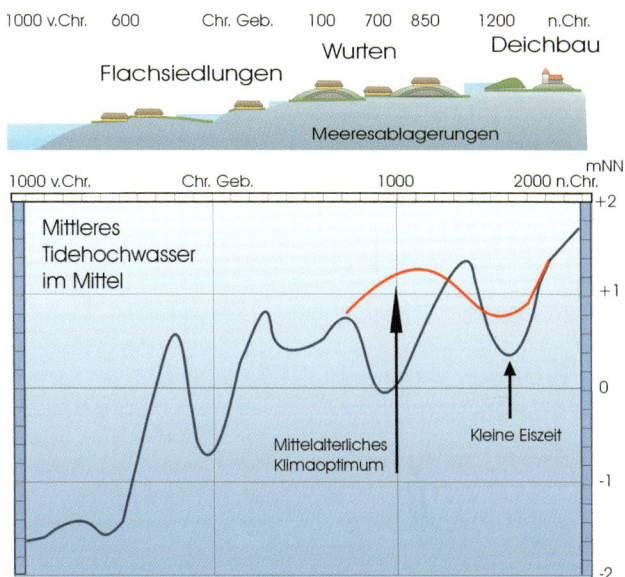

Bucht im Wangerland und die Maade Bucht im Gebiet von Wilhelmshaven. Entlang der Buchten und Küsten warf das Meer höhere Uferwälle auf. Auch das Mittlere Tidehochwasser stieg in dieser Zeit stark an und lag im Wilhelmshavener Küstengebiet etwa bei NN +0,60 m. In Schleswig-Holstein zeichnen sich die Folgen dieser Überflutungen nicht so deutlich ab.

Ebenso plötzlich, wie diese Transgression einsetzte, so schnell endete sie auch. Wiederum stammen die sichersten Nachweise dieses Umweltwandels aus archäologischen Ausgrabungen von Marschsiedlungen. Die frühesten dieser Siedlungen liegen um 130 v. Chr. in der Emsmarsch des Rheiderlandes. Da die Menschen nicht sofort auf die sich verändernden Umweltbedingungen reagierten und mit einer zeitlichen Verzögerung des Einsetzens dieser Siedlungen zu rechnen ist, dürfte die Transgression schon um 150 v. Chr. ausgeklungen sein.

Mit der nachfolgenden Regression sank das Mittlere Tidehochwasser sehr schnell ab. Auf großen Teilen ehemaligen Watts wuchsen Seemarschen auf, deren Weideflächen sich für Viehhaltung betreibende Siedlergruppen als Nutzland anboten.

In den Seemarschen legten die Siedler als Schutz gegen Sturmfluten ihre Höfe auf Warften (Wurten) an, die sie mit Mist und Klei erhöhten. Diese befanden sich oft nahe der Küste, da das vermoorte landseitige Sietland keine Siedelmöglichkeiten bot. Modell: 2000 Jahre Landschaft und Besiedlung, Rainer Schmidt; Foto: Dirk Meier

Aufgrund des niedrigen Sturmflutspiegels entstanden vielerorts auf höheren Uferwällen und Marschrücken entlang von Prielen an der niedersächsischen und südlichen schleswig-holsteinischen Küste in Dithmarschen und dem südlichen Eiderstedt Flachsiedlungen zur ebenen Erde in der Marsch. Höher auflaufende Sturmfluten erforderten jedoch seit 50 n. Chr. meist den Bau von Warften. Beispiele solcher archäologisch untersuchten, mit Mist und Klei aufgehöhten Warften der ersten nachchristlichen Jahrhunderte sind Tofting bei Tönning in Eiderstedt, Süderbusenwurth südwestlich von Meldorf oder die Feddersen Wierde im Land Wursten. Typisch für alle diese Wurten ist ihre Bebauung mit Wohnstallhäusern, in denen Mensch und Vieh unter einem Dach untergebracht waren. Die wirtschaftliche Basis dieser Siedlungen bildete die Viehhaltung, während der Anbau von Kulturpflanzen nur auf den höchsten Partien der Uferwälle in den Sommermonaten möglich war. Hinzu traten Jagd und Fischfang. Viele der Marschensiedlungen profitierten von dem über See gehenden Warenaustausch mit den Grenzgebieten des bis zum Rhein reichenden Römischen Imperiums.

Nachdem während der Völkerwanderungszeit die Besiedlung in den meisten nordwestdeutschen Marschgebieten stark zurückging oder diese gänzlich verlassen wurden, begünstigte erneut ein niedriger Meeresspiegel im 6./7. Jahrhundert n. Chr. wiederum eine Landnahme bäuerlicher Siedler. Auf höheren Uferwällen nahe von Prielen entstanden zunächst wiederum Flachsiedlungen, die infolge erneut zunehmender Sturmfluten seit dem 9. Jahrhundert zu Wurten aufgehöht wurden. Im Laufe der Zeit entstanden aus dem Zusammenschluss einzelner Hofwurten oft große Dorfwurten wie Oldorf im Wangerland, Marne, Wellinghusen,

Nachdem in der Völkerwanderung die Besiedlung in den Marschen ausdünnte, erschlossen neue Siedler mit ihren Viehherden seit dem 7. Jahrhundert die Marschen. Quelle: Humber Wetlands Project

Schematische Landschaftsentwicklung des Dithmarscher Küstengebietes als Beispiel für die Wandlung des Naturraums zu einer vom Menschen beeinflussten Kulturlandschaft im Nordseeküstengebiet. Grafik: Dirk Meier

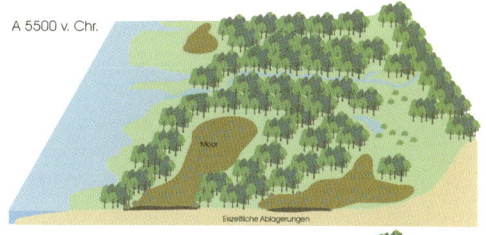

A Um 5500 v. Chr. wird die Schmelzwassersanderebene mit ihren Wäldern und Mooren langsam vom Meer überflutet.

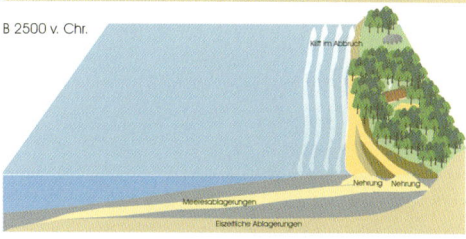

B Um 2500 v. Chr. hat das Meer den Geestrand erreicht und aus den abgespülten Ablagerungen und mitgebrachten Sedimenten Sandwälle aufgeschüttet.

C Um 200 n. Chr. ist die alte Marsch bereits dicht besiedelt. Östlich der Seemarsch erstreckt sich ein vermoortes Sietland.

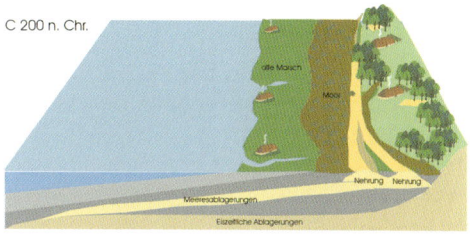

D Um 800 n. Chr. hat sich die Marsch teilweise nach Westen ausgedehnt, neue Wurtsiedlungen (Wesselburen, Hassenbüttel, Wellinghusen, Wöhrden, Marne u.a.) sind entstanden. Östlich der Seemarsch erstreckt sich ein vermoortes Sietland.

E Um 1500 n. Chr. ist die alte Marsch schon seit etwa 300 Jahren bedeicht, das ehemals vermoorte Sietland ist durch Entwässerung in Kulturland umgewandelt worden. Hier dokumentieren Marschhufensiedlungen und Streifenfluren den Landesausbau. Im Westen wird die junge Marsch mit Kögen eingedeicht.

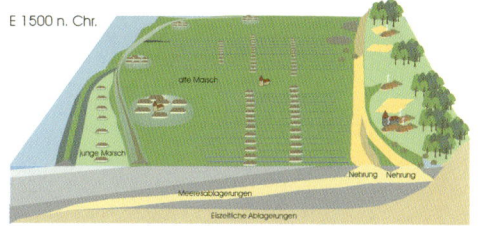

tel und Wöhrden in Dithmarschen oder Elisenhof g und Welt in Eiderstedt. Ausgrabungen auf diesen Wurten haben oft eine mehrhundertjährige Schichtenfolge mit eindrucksvollen Befunden von Wohnstallhäusern dokumentiert. Die Wirtschaftsweise beruhte auf Viehhaltung, während der Sommermonate auch auf saisonalem Ackerbau auf den höheren Partien der Uferwälle.

Blieben die Siedler während des gesamten 1. Jahrtausends n. Chr. vom Naturraum und den Schwankungen des Meeresspiegels abhängig, so änderte sich dies mit dem Deichbau seit dem 12. Jahrhundert grundlegend. Infolge des Deichbaus wurden die Seemarschen nun nicht mehr bei jeder höheren Tide vom Salzwasser überschwemmt, und eine künstliche Regelung der Binnenentwässerung durch Sielzüge und Siele erlaubte die Urbarmachung bislang vermoorter Gebiete.

Da sich aber das Wasser nun nicht mehr ungehindert ausbreiten konnte, staute sich dieses vor den Deichen, so dass das Mittlere Tidehochwasser bald wieder anstieg. Um 1450 sank das MThw erneut ab und stieg um 1700 wieder an. Dieser Anstieg war vor allem eine Folge der zu Ende gehenden „Kleinen Eiszeit" – einer vorübergehenden Abkühlung des Klimas vom Ende des 15. bis zum frühen 19. Jahrhundert. Infolge der vom Menschen mitverursachten Klimaerwärmung steigt das MThw seit etwa 1850 kontinuierlich weiter an. Heutige Prognosen und Szenarien gehen davon aus, dass der globale Meeresspiegelanstieg bis 2100 im Mittel um die 60 cm betragen wird.

Die Bildung der norddeutschen Küsten

Nachdem die Nordsee im Verlauf des nacheiszeitlichen Meeresspiegelanstiegs um etwa 6.500 v. Chr. das Vorfeld des heutigen Küstengebietes erreichte, verlief die weitere regionale landschaftliche Entwicklung unterschiedlich.

Niedersächsische Nordseeküste

Die Landschaftsgeschichte der niedersächsischen Küste mit ihren Marschen, Watten, Inseln und Vorsänden bestimm-

Niedersächsische Nordsee-
küste. Grafik: Dirk Meier

te ähnlich wie in den Niederlanden und in Schleswig-Holstein neben dem nacheiszeitlichen Meeresspiegelanstieg
auch die Beschaffenheit des eiszeitlichen Untergrundes.
Das Küstengebiet zwischen Dollart und Weser begrenzt zur
Landseite hin der in der Saale-Eiszeit gebildete oldenbur-
gisch-ostfriesische Höhenrücken mit seinen von Südwest
nach Nordost verlaufenden Tälern, östlich daran schließen
sich bis zur Elbe von Mooren getrennte inselartige, kleinere
Moränenkerne an. Nordöstlich der Wesermündung erstreckt
sich die Seemarsch des Landes Wursten, die landseitig von
der bis Cuxhaven reichenden Endmoräne der Hohen Lieth
begrenzt wird, die zusammen mit den Endmoränen der
Wingst und des Westerberges zum Landesinneren hin auch
die Elbmarsch des Landes Hadeln umgibt.

Nachdem im Verlauf des nacheiszeitlichen Meeresspiegelanstiegs die Nordsee zwischen etwa 5.900–5.600 v. Chr.
das Vorfeld der heutigen Ostfriesischen Inseln erreicht hatte,
drang das Meer in die Flusstäler von Ems, Weser und Elbe
ein, füllte diese mit Sanden und Tonen auf und bedeckte

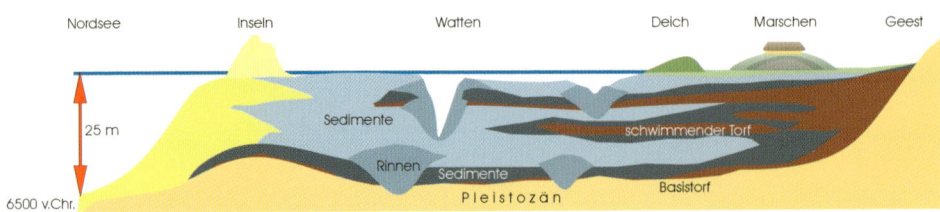

auch die Ränder der steil abfallenden Moränen mit Sedimenten. Im Gebiet des heutigen Jadebusens lagerte die Nordsee über den vermoorten Ebenen (Unterer Torf) um 5.000 v. Chr. ebenfalls Sedimente ab. Um 4.000 v. Chr. zog sich das Meer zurück und in einem Niveau von NN −7 m bis −5 m entstand der sog. Mittlere Torf, den wiederum das vordringende Meer überflutete. Nachweis eines erneuten Meeresrückzuges ist dann der in Ostfriesland und im Wilhelmshavener Jade-Weser-Raum nachweisbare Obere Torf aus der Zeit zwischen 1.550–1.300/1000 v. Chr. In landeinwärts liegenden Regionen überflutete das Meer diesen Torf bereits nicht mehr. Infolge des langsamer gewordenen Meeresspiegelanstiegs wuchs das Moor schneller auf, als der Sturmflutspiegel Schritt halten konnte. Als eines der letzten dieser Küstenrandmoore hat sich der Rest des Sehestedter Außendeichsmoors am östlichen Rand des Jadebusens erhalten.

Nach 1.000 v. Chr. stieg der Meeresspiegel wieder an, der Obere Torf wurde überschlickt und die Küstenlinie verlagerte sich mit der Entstehung von Buchten in Niedersachsen und den nördlichen Niederlanden landeinwärts. Das MThw stieg in dieser Zeit stark an und lag im Wilhelmshavener Küstengebiet etwa bei NN +0,60 m. In Schleswig-Holstein zeichnen sich die Folgen dieser Überflutungen nicht so deutlich ab. Ebenso plötzlich, wie diese Transgression einsetzte, so schnell endete sie um 800 v. Chr. auch. In dieser Zeit existierten schon erste Flussmarschen an der Weser, wo bei Rodenkirchen im 9./8. Jahrhundert v. Chr. eine Siedlung bestand, die später der Fluss überschwemmte. Weitere in der Emsmarsch des Rheiderlandes um 650 v. Chr. errichtete Flachsiedlungen wurden um 400 v. Chr. überschwemmt. Zur gleichen Zeit existierten bereits in den nördlichen Niederlanden ausgedehnte Seemarschen, wo sich die Menschen durch den Bau von Wierden und Terpen gegen Überflutungen schützten.

Nachdem im Laufe des Meeresspiegelanstiegs die Nordsee um 6500 v. Chr. das niedersächsische Küstengebiet erreichte, vernässte die Geest aufgrund des Grundwasserspiegelanstiegs. Die entstandenen Moore wurden wiederum vom Meer überflutet. Die an der Basis der nacheiszeitlichen Schichtenfolge liegenden Moore werden „Basistorfe" genannt, darüber folgen Sedimente, in die schwimmende Torfe eingeschaltet sind. Grafik: Dirk Meier nach Hans-Jürgen Streif 1998

Zwischen Meeresablagerungen eingebettete Torfe werden als „schwimmende Torfe" bezeichnet. Sie lassen sich hinsichtlich ihrer paläobotanischen Zusammensetzung untersuchen und bilden wichtige Dokumente des Landschaftswandels.
Foto: Dirk Meier

Die vor dem Geestrand der Hohen Lieth aufgewachsene Seemarsch des Landes Wursten wurde bereits in den ersten Jahrhunderten n. Chr. besiedelt. Westlich der alten, in den ersten Jahrhunderten n. Chr. besiedelten Marsch entstand durch Landanwachs die junge Marsch mit einer zweiten, im frühen Mittelalter gegründeten Wurtenreihe. Infolge der Eindeichungen seit dem 12. Jahrhundert verlagerte sich die Küstenlinie seewärts.
Grafik: Dirk Meier

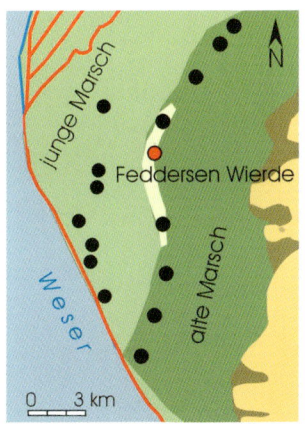

Die stärkeren Meeresaktivitäten ließen etwa um 150 v. Chr. nach, was wiederum zu einer Besiedlung der Uferwälle an der Ems führte. In dieser Zeit sank das Mittlere Tidehochwasser sehr schnell ab, und entlang der niedersächsischen Nordseeküste wuchsen über dem Watt Seemarschen auf, deren höhere Uferwälle mit der Anlage meist ebenerdiger Wohnplätze Siedlergruppen in Besitz nahmen. Zunehmende Sturmfluten seit etwa 50 n. Chr. erforderten erneut den Bau von Wurten. Bestes Beispiel ist die umfassend archäologisch untersuchte Feddersen Wierde in der Seemarsch des Landes Wursten. Sie entstand aus einer Flachsiedlung des 1. Jahrhunderts v. Chr., deren Höfe als Wohnstallhäuser auf einem Brandungswall nahe der Küste errichtet worden waren. Infolge von Sturmfluten errichteten die Siedler seit dem 1. Jahrhundert n. Chr. Wurten, aus deren Zusammenschluss eine große Dorfwurt entstand, deren Wohnstallhäuser im 3. Jahrhundert n. Chr. halbkreisförmig um einen runden Platz herum standen. Im 5. Jahrhundert n. Chr. endete die Besiedlung.

Die Bewohner der Feddersen Wierde erhöhten ihre Wurt auch noch, nachdem seit 350 n. Chr. das MThw wieder sank. In der Folgezeit verlandeten viele der alten Meeresbuchten, und die Seemarschen dehnten sich aus. Dabei wurden im nordniederländischen ebenso wie im nordwestdeutschen Küstengebiet ältere verlassene Wurten erneut besiedelt und neue gegründet. Daneben erschloss eine Landnahme bäuerlicher Siedler im 7. Jahrhundert erneut die Fluss- und Seemarschen. Beispielsweise entstand im Land Wursten westlich der Feddersen Wierde eine neue Wurtenreihe. Zu den archäologisch untersuchten frühmittelalterlichen Wurten gehören in Niedersachsen u. a. Niens in Butjadingen, Hessens bei Wilhelmshaven oder Oldorf im Wangerland.

Regional verliefen diese Siedlungsprozesse jedoch unterschiedlich. Seit dem 12. Jahrhundert schützten dann erste Seedeiche die niedersächsischen Seemarschen. Infolge größerer Sturmfluten entstanden nach dem Bruch von Deichen im späten Mittelalter und der frühen Neuzeit mit dem Dollart und dem Jadebusen zwei große, später teilweise wieder bedeichte Buchten, die hier eine ehemalige Moorlandschaft überfluteten und sich bis zur Geest erstreckten. Andere kleinere Buchten, wie die Sielmönkener Bucht in der Krummhörn oder die Crildumer Bucht im Wangerland, waren im Laufe des Mittelalters und der frühen Neuzeit infolge ihrer Verlandung und Abdeichung ganz verschwunden.

Zu den geologisch jüngsten Bildungen an der niedersächsischen Küste gehören die Ostfriesischen Inseln. Zwi-

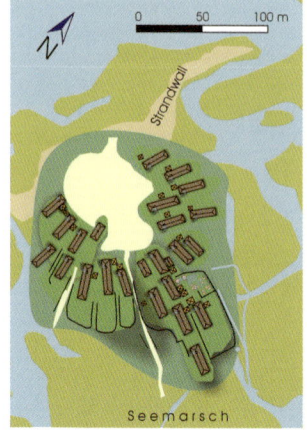

Die Wurt Feddersen Wierde entstand auf einem Brandungswall des Landes Wursten. Aus einer Flachsiedlung des 1. Jahrhunderts v. Chr. entwickelte sich eine große Dorfwurt, deren Höfe im 3./4. Jahrhundert n. Chr. halbkreisförmig um einen freien Platz herum angeordnet waren.
Grafik: Dirk Meier

schen diesen befinden sich ausgedehnte, von tiefen Tiderinnen (Seegatten) durchzogene Watten, seewärts der Inseln erstreckt sich das Küstenmeer. Die flächenmäßig größte ist die westlichste Insel Borkum, es folgen dann Richtung Osten Juist, Norderney, Baltrum, Langeoog, Spiekeroog und Wangerooge.

Ebenso wie die Westfriesischen Inseln entstanden die Ostfriesischen Inseln infolge von Dünenanwehungen auf hochwasserfreien Sänden oberhalb des Watts, wobei der nasse Strand zwischen Mittlerem Tideniedrig- und Hochwasser die Küstenlinie bildet. Oberhalb folgen der trockene Strand und die Dünen, in deren Schutz teilweise Marschen auflandeten. Infolge der Kräfte von Seegang, Brandung und Tideströmung veränderten sich in den letzten 2000 Jahren die Inseln ständig. So wanderten manche nach Osten, während bei anderen im Westen Landanwachs entstand. Älteste Vorläufer der heutigen Inseln entstanden im Gebiet von Langeoog während des 1. Jahrtausends v. Chr. Hingegen wuchsen die ältesten Salzwiesen auf Juist erst um 100 v. Chr. auf, während andere noch 400 bis 500 Jahre jünger sind. Die Inseln wurden nicht vor dem 12. Jahrhundert besiedelt.

Schleswig-holsteinische Nordseeküste

Im Unterschied zum niedersächsischen Küstengebiet liegt das westliche Schleswig-Holstein näher zum Eisrand der Weichselzeit. Die am Eisrand frei gewordenen Schmelzwasserströme hatten weite Sanderflächen aufgeschüttet, die sich in Nordfriesland zwischen den höheren Moränenkuppen der vorletzten Eiszeit, wie dem Stollberg, erstreckten. Die Altmoränen reichten in Nordfriesland dabei, wie die Geestkerne der heutigen Inseln Sylt, Amrum und Föhr zeigen, weiter nach Westen als in Dithmarschen. Aus diesem Raum flossen die Schmelzwasserströme weiter nach Nordwesten in das Nordseebecken. Das Wasser der weiter südlich gelegenen Sanderflächen sammelte sich in den Tälern von Treene, Eider und Elbe, die über das Elbeurstromtal entwässerten. Am Ende der letzten Eiszeit prägten im Bereich des heutigen Nordseeküstengebietes somit teils hochliegende, flach zur Nordsee geneigte Moränen- und Sanderflächen die Landschaft, welche Schmelzwasserrinnen

Die Ostfriesischen Inseln gehören zu den geologisch jungen Bildungen an der ostfriesischen Küste, die nicht vor dem 12. Jahrhundert besiedelt wurden. Seegatten trennen die einzelnen, aus Sänden entstandenen Inseln, auf denen Dünen aufwehten. Das Luftbild zeigt Spiekeroog von Süden.
Foto: wikimedia

Nordseeküste Schleswig-Holsteins. Grafik: Dirk Meier

durchzogen. Aufgrund dieser erdgeschichtlichen Vorgänge verlief die weitere Landschaftsentwicklung in Nordfriesland und Dithmarschen jeweils unterschiedlich.

Dithmarschen

Im Verlauf des nacheiszeitlichen Meeresvorstoßes drang die Nordsee zunächst in die tiefen Schmelzwassertäler von Eider und Elbe vor, lagerte bis zu 30 m mächtige Sedimente ab und erreichte schließlich um 4.500 v. Chr. den Dithmarscher Geestrand. Da die Geestkerne, wie bei St. Michaelisdonn und Kleve, steil nach Westen abfielen, überspülte das Meer sehr schnell den tiefen Fuß dieser Moränen. So entstanden aus den älteren, bereits in der Saale-Eiszeit vorgeformten Steilhängen zum Elbeurstromtal jüngere Kliffs und Steilufer. Die im heutigen Küstenbereich bis NN −20 m abfallenden Moränen bedeckte das Meer mit Sanden und Tonen. Die Sohle der nacheiszeitlichen Elbe wurde bei Trischen vor der südlichen Dithmarscher Küste sogar erst in einer Tiefe von NN −34 m erfasst. Als die Nordsee die −20-m-Tiefenlinie erreichte, war vor dem Dithmarscher Geestrand eine tiefe Meeresbucht mit Ausläufern zur Eider und Elbe vorhanden.

Infolge des Meeresspiegelanstiegs drang die Nordsee weit in das Eidertal hinein, deren Mündung dann der heutigen Elbe ähnelte. Die innere Broklandsau bildete eine fördenartige Wasserfläche, die bis in das Ostroher Moor zurückreichte und bei Stelle-Wittenwurth in die Nordsee mündete. Auf einer direkt an das offene Meer grenzenden langgestreckten Halbinsel lag zwischen Nordsee und Broklandsauniederung der mittelsteinzeitliche Lagerplatz Fedderingen. Die Menschen der Mittelsteinzeit verfügten über grob behauene Scheiben- und Kernbeile, Klingen als Messereinsätze sowie Kratzer für die Fell- und Holzbearbeitung. Verschiedene Mikrolithen, so vor allem querschneidige kleine Pfeilspitzen, dienten der Jagd auf Seevögel. Aufgrund der Steingerätformen und der Verwendung schlecht verarbeiteter Tongefäße gehört der Lagerplatz zur Ertebølle-Kultur, damit einer Kulturgruppe, die vielfach an den Küsten Schleswig-Holsteins und Dänemarks angetroffen wird.

Infolge der Bildung der Lundener Nehrung liegt dieser ehemalige Küstenplatz heute im Binnenland. Diese Nehrung entstand ebenso wie andere aus angeworfenen Sänden und

Den Fuß der Dithmarscher Altmoränen erreichte im Zuge des nacheiszeitlichen Meeresspiegelanstiegs letztmalig um 4.500 v. Chr. das Meer, später bildeten sich ein Wattenmeer und Seemarschen. Weit reicht der Blick in die alte und junge Marsch. Foto: Dirk Meier

Kiesen, die das Meer von den vorspringenden Geestkernen abtrug und in nord-südlicher Richtung zu Nehrungen aufhäufte, auf denen mit der Zeit Dünen aufwehten. Zunächst entstanden die kleineren Sandwälle bei Kleve und Fedderingen sowie ältere Nehrungen bei St. Michaelisdonn. Erst danach, um etwa 2.500 v. Chr., bildeten sich die langgezogene Lundener Nehrung und die jüngeren Nehrungen bei St. Michaelisdonn, auf denen Dünen aufwehten. So entstand eine Ausgleichsküste. Auch bei Kleve und Windbergen prägten sich westlich der saaleeiszeitlichen Moränenkerne Nehrungen aus, so dass die Geestränder ihre Bedeutung als Rohstofflieferanten verloren. Wo sich auf den Dithmarscher Nehrungen und Geesträndern noch durch die Brandung stark abgerollte Flintabschläge der späten Jungsteinzeit und der frühen Bronzezeit fanden, lagen diese noch im Einflussbereich des Meeres. Klingen, Beile und Dolche fertigten die Menschen hier aufgrund des wenigen Rohmaterials nicht. Stattdessen nutzte man Feuersteine für die Herstellung von Pfeilspitzen. Vor allem zur küstenbezogenen Jagd suchten die Menschen die Sandwälle auf, die Rohstoffversorgung spielte nur eine zweitrangige Rolle.

Diese Sandwälle waren bis in die Mitte des 1. Jahrtausends v. Chr. den Brandungskräften des Meeres ausgesetzt. Nehrungen und vorspringende Geestkerne schufen somit in Dithmarschen eine Ausgleichsküste. Während die dahinterliegenden Täler dem direkten Meereseinfluss entzogen wurden, aussüßten und vermoorten, bildete sich westlich der

Vor dem Dithmarscher Geestrand erstreckt sich die im Mittelalter eingedeichte alte Marsch mit ihren Dorf- und Hofwurten, westlich davon die seit dem 16. Jahrhundert bedeichte junge Marsch. Grafik: Dirk Meier

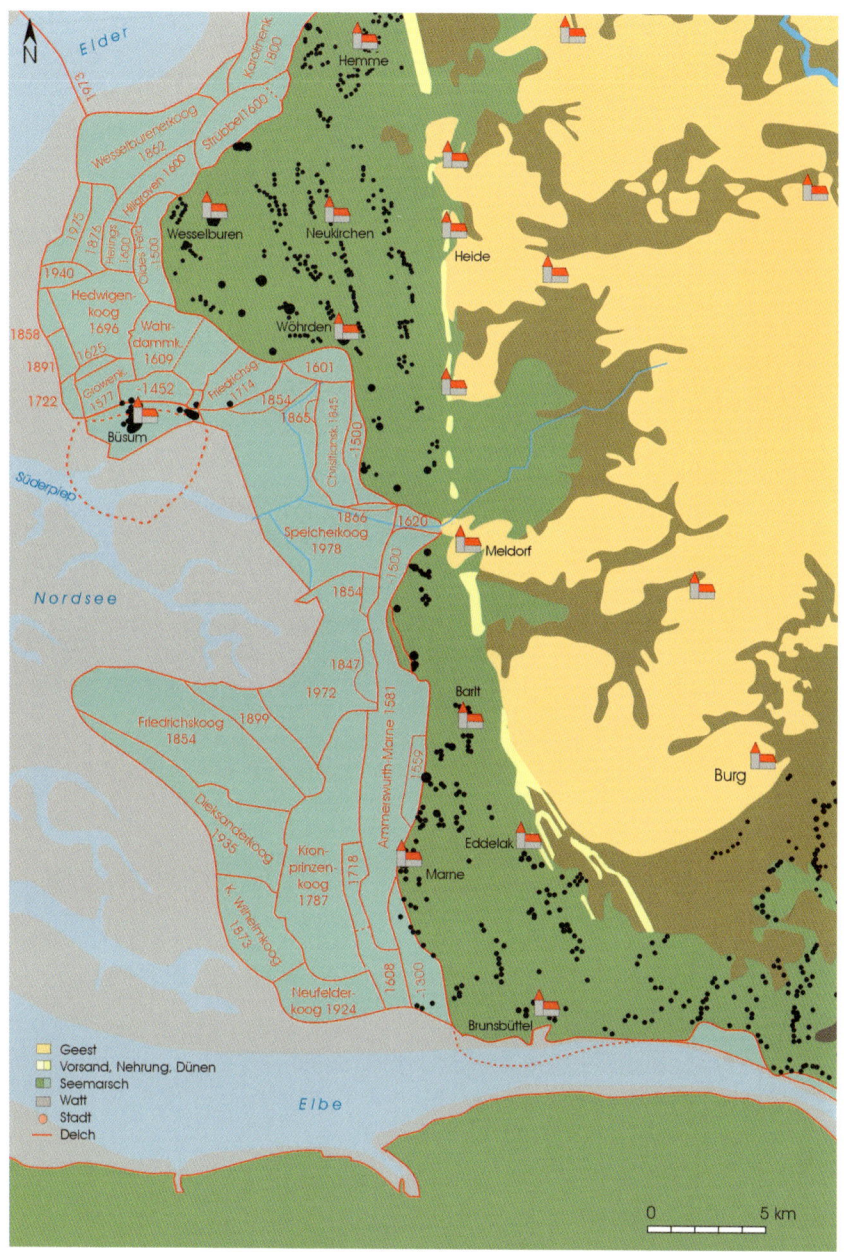

Geest
Vorsand, Nehrung, Dünen
Seemarsch
Watt
Stadt
Deich

Die alten, mit Mist und Klei aufgehöhten Dorfwurten wie Wesselburen gehören zum herausragenden Kulturerbe Dithmarschens. Sie entstanden seit dem Ende des 7. Jahrhunderts n. Chr. in einer noch unbedeichten Seemarsch.
Foto: Dirk Meier

Nehrungsküste ein Wattenmeer sowie seit etwa 500 v. Chr. die alte Marsch, die erstmals während einer weitflächigen Regression des Meeres um Chr. Geb. im frühen 1. Jahrhundert von bäuerlichen Siedlern besiedelt wurde. Nach einer kurzen Periode, in der die Anlage von Flachsiedlungen wie in Tiebensee, 2.000 m westlich von Heide, möglich war, entstanden seit etwa 50 n. Chr. die ersten Wurten aus Mist und Klei, wie das Beispiel Süderbusenwurth in Süderdithmarschen belegt. Bereits im 3./4. Jahrhundert n. Chr. mehren sich die Anzeichen einer Entsiedlung der Dithmarscher Marschen. In Süderbusenwurth endete die Besiedlung aufgrund einer zunehmenden Überflutung der umgebenden niedrigen Salzmarschen, während in Tiebensee und Ostermoor eine Ausdehnung des Sietlandsmoores die wirtschaftlichen Möglichkeiten einschränkte.

Vor allem in Norderdithmarschen verlagerte sich die Küste mit dem Aufwuchs neuen Marschlandes seewärts. Seit dem 7. Jahrhundert wurden die Seemarschen erneut besiedelt. Auf höheren Uferwällen entstanden, wie in Wellinghusen bei Wöhrden nachgewiesen, zunächst Flachsiedlungen, die jedoch aufgrund von Sturmfluten mit Mist und Klei seit dem frühen 9. Jahrhundert wiederum zu Wurten aufgehöht werden mussten. Seit dem 10. Jahrhundert verdichtete sich mit der Gründung weiterer Wurten die Siedellandschaft.

Seit dem 12. Jahrhundert sicherte ein Deich die alte Marsch Dithmarschens, die davor aufgelandete junge Marsch wurde schrittweise seit dem 16. Jahrhundert einge-

Die Halbinsel Eiderstedt trennt das Dithmarscher vom nordfriesischen Küstengebiet. Die alten Marschen nahe der Eider wurden bereits im 1. Jahrtausend n. Chr. besiedelt. Seit dem 12. Jahrhundert entstanden die ersten Deiche. Im mittleren Eiderstedt kennzeichnen langgezogene Marschhufensiedlungen den mittelalterlichen Landesausbau; im nördlichen Teil waren um 1.000 n. Chr. durch Priele getrennte Marschen aufgewachsen, die abschnittsweise bedeicht wurden. Vor der mittelalterlichen Küste lagen die Inseln von Utholm und Westerhever. Grafik: Dirk Meier

deicht, so dass sich die Küstenlinie immer weiter nach Westen verlagerte. Die vor dem Festland liegenden Reste der im späten Mittelalter größtenteils untergegangenen Insel Büsum wurden ebenfalls an das Festland angedeicht. Weitere geringe Landverluste waren im Gebiet der Elbmündung zu verzeichnen.

Eiderstedt
Das Dithmarscher Küstengebiet trennt nördlich der Eidermündung die 30 km weit nach Westen reichende Halbinsel Eiderstedt vom nordfriesischen Wattenmeer. Ihre Entstehung ist eng mit der Bildung von Sandwällen verbunden, welche die heutige Halbinsel von Osten nach Westen durchziehen. Nachdem das Meer nordwestlich der Halbinsel alte Geestkerne und Nehrungen abgebaut hatte, verfrachtete es die Sande und Kiese nach Südosten und schüttete die verschiedenen Eiderstedter Sandhaken auf. Zwischen 2.100

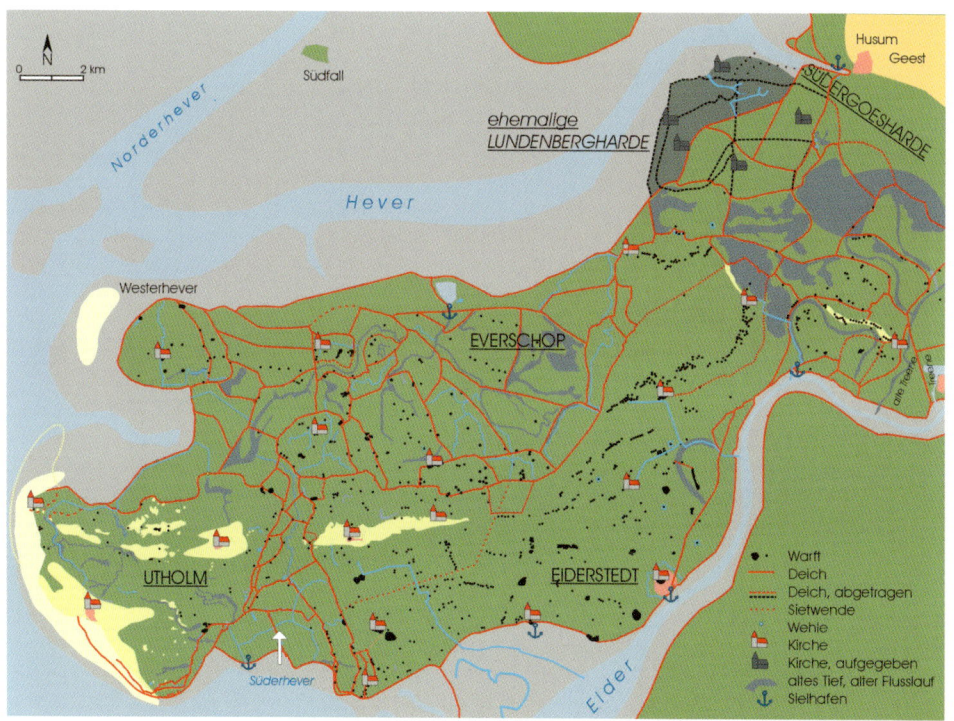

Das Modell zeigt die Dorfwurt Elisenhof bei Tönning. Von den Wohnstallhäusern reicht der Blick zur Eider. Modell im Museum der Landschaft Eiderstedt. Foto: Dirk Meier

und 500 v. Chr. bildete sich zunächst der Tholendorfer Haken, an den zunächst noch Wattflächen grenzten, bevor eine Verlandung einsetzte. Weitere Abtragungsprozesse führten dann zur Entstehung der langgestreckten Garding-Tatinger Nehrung. Wie ein Profil der Sandgrube Esing zeigt, lagerte das Meer oberhalb des Watts mehrere Meter mächtige Sande ab. Auf diesen bildete sich um Chr. Geb. ein humoser Boden. Darüber folgen weitere Sandanwehungen, die mit ihren Dünen Höhen von über NN +1,50 m erreichen.

Die Bildung dieser Sandwälle begünstigte die Entstehung von Seemarschen südlich der Nehrung, während im Schutz der Nehrung die nördlichen Bereiche der Halbinsel vermoorten. Besonders hoch landeten dabei die Marschen entlang der Eidermündung auf. Jüngere Meeresvorstöße im Verlauf des 1. Jahrtausends n. Chr. durchbrachen dabei zwischen Tating und Garding dieses Nehrungssystem. Auch von Westen her drang das Meer nördlich der Nehrungen vor und bedeckte die Moorflächen um 500 v. Chr. mit Sedimenten. Als sich das Meer aus diesem Bereich wieder zurückzog, entstanden im nördlichen Teil der Halbinsel um etwa 1000 n. Chr. niedrige, von vielen Prielen inselartig zerschnittene Seemarschen.

Eine älteste Landnahme der Marschen entlang der Eidermündung setzte im 1. Jahrhundert n. Chr. ein. Hier entstanden auf Uferwällen größere Warften, die teilweise bis in das 6. Jahrhundert hinein bestehen blieben, wie die archäologisch untersuchte Warft Tofting belegt. Eine erneute, von

Im nördlichen Eiderstedt wuchsen erst um 1.000 n. Chr. niedrige Seemarschen auf, die im 12. Jahrhundert erstmals besiedelt wurden. Die an Prielen angelegten Warften wie Schockenbüll charakterisieren hier die mittelalterliche Landnahme.
Foto: Dirk Meier

Friesen getragene Landnahme zielte dann seit dem 8. Jahrhundert auf die hohen Uferwälle nördlich der Eider. Hier entstanden Warften wie Elisenhof bei Tönning, Olversum und Welt. Die umfassenden Ausgrabungen auf dem Elisenhof zeigten, dass hier im 8. Jahrhundert eine Siedlung mehrerer, meist paarweise zusammenstehender Wohnstallhäuser auf einem hohen Uferwall entstanden war, deren Nachfolgebauten sich allmählich den Hang zu einem Priel hinabschoben. Den Priel verfüllte man im Laufe der Zeit mit Mist. Die wirtschaftliche Grundlage in den umgebenden Salzwiesen beruhte auf Viehhaltung, doch profitierten die Siedler auch von dem über See gehenden fränkisch-friesischen Fernhandel, der vom Rheinmündungsgebiet ausgehend, das Nordseegebiet erschloss.

Im Zuge des Deichbaus und der Entwässerung wurde seit dem 12. Jahrhundert das vermoorte mittlere Eiderstedt kultiviert. Hier entstanden mit langgezogene Hofwarftenketten (Marschhufensiedlungen) charakteristische Siedlungsmuster. Die inselartig von Prielströmen zerrissenen, nur niedrig aufgelandeten Seemarschen im nördlichen Eiderstedt wurden hingegen abschnittsweise mit lokalen niedrigen Ringdeichen geschützt. Die Höfe der Siedler wurden hier auf hohen Warften aus Klei errichtet. Westlich der mittelalterlichen Küste Eiderstedts und Everschops lagen mit

Utholm und Westerhever zwei Inseln, die im 12. bzw. 15. Jahrhundert an das Festland angedeicht wurden.

Nordfriesland

Nördlich der Halbinsel Eiderstedt erstreckt sich das heutige nordfriesische Wattenmeer mit seinen Geest- und Marschinseln, Halligen, Sänden, Prielen und Watten. Die Landschaftsentwicklung dieser Region hat einen ganz anderen Verlauf genommen als diejenige der südlichen schleswigholsteinischen Nordseeküste. In der Saale-Eiszeit bildeten die Geestkerne der heutigen Inseln Sylt, Föhr und Amrum die höchsten Erhebungen eines Gletscherzungenbeckens. Während der Weichsel-Eiszeit füllten Schmelzwässer das Zungenbecken mit Ablagerungen auf und ebneten die Täler ein. Die Höhenunterschiede des eiszeitlichen Reliefs ändern sich hier bereits in kurzer Entfernung.

Aufgrund der zwischen NN –20 m und –5 m höher liegenden eiszeitlichen Oberfläche (Holozänbasis) erreichte das im Verlauf des nacheiszeitlichen Meeresspiegelanstiegs vordringende Meer das heutige Küstengebiet des nordfriesischen Wattenmeeres später. Im westlichen Bereich reicherten sich Sande an, weiter östlich Tone. In einem tiefen Becken östlich von Pellworm lagerte sich Schlick unter ruhigen Bedingungen ab. Da der langsamer gewordene Meeresspiegelanstieg nicht mehr mit der Ablagerung der Sande und Tone Schritt halten konnte, bildete sich ein Wattenmeer. Um 5.500 v. Chr. erreichte die Nordsee dann den Raum des heutigen Pellworm. Etwa 500 Jahre später waren vermutlich weite Teile des heutigen südlichen nordfriesischen Wattenmeeres und des nördlichen Eiderstedt überflutet. Die Küstenlinie verlief etwa von der Westseite Nordstrands zur Hamburger Hallig und von dort nach Pellworm, um dann nach Norden in Richtung der Süderaue abzubiegen und deren Südseite zu folgen. Zwischen Pellworm und Nordstrand reichte die Bucht weit nach Osten. Im Westen lagen höhere, beim weiteren Anstieg des Meeresspiegels teilweise überflutete Moränenkerne, östlich davon erstreckten sich sandige Täler, die allmählich aufgrund des steigenden Grundwasserspiegels vermoorten.

Die noch nachweisbaren ältesten Siedelplätze mit Spuren der Feuersteinbearbeitung (Abschlagplätze) konzentrieren sich im Küstenraum auf die Altmoränen der Inseln Sylt,

N

Lister Tief

DÄNEMARK

Tondern

Sylt
Westerland

Grenze

1927

1937

NORDFRIESLAND

Hörnumtief

Vortrapptief

1432
Föhr

Wyk

Niebüll

Götteskoog
1556

Wiedingharde
-1436

Kleiseek
1727

Dagebüll

Maasbl
1841

Norderaue

Oland

Habel

Amrum

Langeneß

Gröde

Süderaue

Hooge

Ockholm
-1515

Hamburger
Hallig

Bredstedt

Nordsee

Norderoog

1657 1938

1673

1637

1637

1663

Pellworm

1672

Süderhever

Nordstrand

Rummelloch

Arlau

1542

1542

1478

1771

1925 1935

1654

1866

1663 1691

Nordstrand

0   10 km

Süderoog

Norderhever

Hever

🟨	Geest
⬜	Vorsand, Nehrung, Dünen
🟩	Seemarsch
⬜	Watt
🔴	Stadt
—	Deich

Amrum und Föhr. Unter vier Meter mächtigen Meeresablagerungen kam bei Wyk auf Föhr in einer Torfschicht eine Knochenharpune zum Vorschein. Anhäufungen von Muschelschalen als Mahlzeitreste der Ertebølle-Kultur (5.100–4.100 v. Chr.), die beim Bau der Husumer Hafenschleuse zum Vorschein kamen, befanden sich auf einer Torfschicht oberhalb der alten Geestoberfläche.

Diese Funde ebenso wie andere wurden von Sanden und Tonen bedeckt, die das vordringende Meer oberhalb der lagunenartigen Landschaft ablagerte. Die gröberen Teile dieser Sedimente trug das Meer von den Moränenkuppen ab. Mit zunehmender Annäherung der Sedimentoberfläche an die heutige Höhe setzte sich Schlick ab. Als der Meeresspiegel sank und sich das Meer aus dem inneren Bereich des heutigen nordfriesischen Wattenmeeres zurückzog, entstanden dort im Schutz der westlichen Moränenkerne und angehängten Sandwälle Schilfsümpfe. Die Oberfläche dieser Moore lag ursprünglich bei durchschnittlich ca. NN +0,8 m. Danach traten in den aus Ton aufgebauten Gebieten erhebliche Sackungen ein. Diese lagunenartige Landschaft mit Seen, Schilfsümpfen und Hochmooren durchstreiften nach Aussage archäologischer Funde seit der Bronzezeit (2.200–1.200 v. Chr.) Jäger, die dem Vogel- und Fischfang nachgingen. Weitere im nordfriesischen Wattgebiet aufgelesene Einzelfunde von Flintbeilen, Sicheln, Abschlägen und anderen Steingeräten deuten an, dass die seit dem 2. Jahrtausend v. Chr. existierende Moor- und Schilflandschaft von Menschen aufgesucht wurde. Aus dem Fundzusammenhang gerissen und von der Nordsee verdriftet, erlauben diese Funde keinen Rückschluss auf die Höhe der damals begangenen Landoberfläche.

Nachdem das Meer die als Barrieren wirkenden Nehrungen und Geestkerne teilweise wieder abbaute, wuchsen um 500 v. Chr. in den westlichen Teilen des heutigen nordfriesischen Wattenmeeres in ihrer Ausdehnung nicht bekannte Seemarschen auf. Deren Erschließung von der nordfriesischen Festlandsgeest behinderte jedoch die ausgedehnte Moorlandschaft im Osten.

Ihre Landnahme erfolgte daher im Laufe des 8. Jahrhunderts überwiegend von der See her durch friesische Bevölkerungsgruppen. Nachweise archäologischer Funde sind aus dem Wattenmeer von Hallig Hooge belegt, Reste einer

Das Luftbild zeigt den nördlichen Teil des Dithmarscher Watts mit den Außensänden, die Eidermündung, den westlichen Teil der Halbinsel Eiderstedt und das südliche nordfriesische Wattenmeer mit der Insel Pellworm sowie dem Süderoog- und Norderoogsand.
Foto: wikimedia

vom Meer überschwemmten Flachsiedlung fanden sich auf Pellworm. Infolge des zunehmenden Meereseinflusses errichteten die Menschen seit dem 12. Jahrhundert hohe Warften aus Klei und begannen mit der Eindeichung ihre Wirtschaftsflächen. Im Osten der nordfriesischen Uthlande wurden die vermoorten Gebiete durch Entwässerung urbar gemacht. Infolge mehrerer Katastrophenfluten, wie der Zweiten Marcellusflut von 1362 und der Burchardiflut von 1634, gingen weite Bereiche der besiedelten Uthlande unter. Einst besiedeltes und bewirtschaftetes Land wurde zu Watt.

Die Nutzung der Kulturlandschaft

Kaum eine Landschaft in Mitteleuropa ist während der letzten 1000 Jahre so durch den Menschen umgestaltet worden wie das Nordseeküstengebiet. Landseitig der Deiche prägen künstliche Entwässerungsgräben, Felder und Weiden mit jeweils charakteristischen Siedlungsmustern die Marschen und weisen sie ebenso wie Hafenstädte und Sielhäfen als eine Kulturlandschaft aus. Auch das vor den Deichen liegende Wattenmeer kann nicht ausschließlich als Natur bezeichnet werden, sondern als eine naturnahe Landschaft. Zahlreiche untergegangene Warften, Kirchen, Felder, Sielzüge und Deiche in Nordfriesland – als Kulturspuren zusammengefasst – belegen, dass hier einst Land war. Diese gehören ebenso wie historische Deiche, Bauernhäuser, Warften oder Sielhäfen zum Kulturerbe der Nordseeküste, welche die lange historische Nutzung des Küstenraums dokumentieren. Einen der massivsten Eingriffe des Menschen in den Naturraum bilden Deichbau und Entwässerung.

Deichbau und Landnutzung

Bis in das 1. Jahrtausend n. Chr. reagierten die Menschen nur passiv auf die Gefahren der Natur. Als sich die Küstenlinien infolge der nacheiszeitlichen Meeresspiegelschwankungen wandelten, zogen sich die Jäger und Sammlergruppen aus den Gebieten zurück, die vom Meer überschwemmt wurden. Als Viehhaltung und etwas Ackerbau treibende Siedlergruppen die niedersächsischen und schleswig-holsteinischen Nordseemarschen um Chr. Geb. besiedelten, legten sie ihre Hofplätze auf höheren Marschuferwällen an, die sie schon bald infolge drohender Sturmfluten zu Warften (Wurten) erhöhten. Während des gesamten 1. Jahrtausends n. Chr. bildete der Bau von Warften die auffälligste und einzige Reaktion des Menschen auf die Gewalt des Meeres. Erst der Bau von Deichen entzog die Salzwiesen den regelmäßigen Überflutungen, aus dem Naturraum von Salzwiesen und Mooren entstand so eine vom Menschen bis heute geprägte Kulturlandschaft.

Mit der Bedeichung altbesiedelter Seemarschen und der Eindeichung von Vorländern als Köge vergrößerte sich die landwirtschaftliche Nutzfläche besonders für den Ackerbau. So war bereits im 14. Jahrhundert Gerste zusammen mit tierischen Produkten das wichtigste Ausfuhrgut des Landes Hadeln. Im Hadelner Landbuch werden dabei für die Jahre 1516 bis 1518 neben Gerste, Hafer und Bohnen auch Weizen und Roggen angeführt. Seit dem späten Mittelalter dominierte im Hadelner Hochland, also in den Seemarschen, der Getreideanbau, während im Sietland überwiegend Viehhaltung betrieben wurde. Die Getreidekonjunktur führte allmählich zum Umbruch aller ackerfähigen Grünlandgebiete. So wurden im Land Wursten 1764 mehr als zwei Drittel der Fläche als Acker genutzt. Erst der Deichbau und die damit verbundene Entwässerung ermöglichten diese Intensivierung der Landnutzung.

Für den Deichbau wurde bis ins 18. Jahrhundert das Baumaterial in der Nähe des Deichfußes abgegraben, was deren Standfestigkeit nicht gerade erhöhte. Die Vertiefungen lassen sich noch heute als Pütten oder Späthinge in der Marsch erkennen. Den aus Klei aufgeworfenen Deichkörper bedeckte man mit den im Vorland gestochenen Grassoden. Schafe halten dabei bis heute die Grasnarbe des Deiches kurz und sorgen durch ihren Vertritt für eine bessere Festigkeit der Oberfläche.

Deichbau im Mittelalter

Der im 11./12. Jahrhundert in den niederländischen und nordwestdeutschen Seemarschen flächenhaft einsetzende Deichbau (Deich von niederdeutsch *Diek*), der die Salzmarschen den regelmäßigen, bei jeder höheren Tide auftretenden Überflutungen entzog, und die damit verbundene Entwässerung und Urbarmachung der Sietländer schufen die Voraussetzungen für eine flächenhafte Besiedlung des Küstengebietes und für die Umgestaltung des Naturraums in eine vom Menschen beeinflusste Kulturlandschaft.

Dabei fällt der Beginn des Deichbaus in eine Periode, in der das Mittlere Tidehochwasser relativ niedrig lag. Erst die Bedeichung führte zu einem Anstieg des MThw, da sich das Meer bei höheren Wasserständen nun nicht mehr ungehindert ausbreiten konnte und vor den Deichen staute. Um 1450 sank das MThw infolge einer Abkühlung des Klimas wieder ab und stieg um 1700 erneut an. Dieser Anstieg des MThw war zum einen Folge der zu Ende gehenden Kleinen Eiszeit, zum anderen aber auch der Effekt zunehmender Eindeichungen.

Bau und Unterhaltung der Deiche oblag im Mittelalter den bäuerlichen Genossenschaften. Infolge der Selbstverwaltung der einzelnen Küstenregionen kam es jedoch nicht zu überall gültigen Rechten. Erst mit dem überregionalen, von den Landesgemeinden organisierten Deichbau entwickelte sich aus den alten Gewohnheitsregelungen schriftlich fixierte Rechte. In dem um 1230 verfassten Sachsenspiegel des Eike von Repgow finden wir im zweiten Buch des Landrechts im 56. Artikel drei Paragraphen zum Wasser- und Deichwesen, die sich zwar auf Wasserläufe (Flüsse) beziehen, aber auch als geschriebenes Deichrecht gelten können.

In Dithmarschen entschied zunächst die bäuerliche Führungsschicht der Geschlechter auch über den Deichbau. Erst das Landrecht von 1447 regelte übergreifend das Dithmarscher Deichwesen. Wiederum übernahmen die Kirchspiele dabei die Organisation des Deichbaus.

In den schriftlich abgefassten Teilen der nordfriesischen Landrechte von 1426 gibt es noch keine Bestimmungen zum Deichrecht. Erst ein 1444–1448 niedergelegtes Ge-

Dort, wo inselartig Priele die Landschaft zerschnitten, war oft nur ein lokaler Deichbau möglich. Im Vordergrund des Modells ist eine mittelalterliche Warft zu sehen, im Hintergrund ein Ringdeich. Modell: Ausstellung 2000 Jahre Landschaft und Besiedlung, Modell: Rainer Schmidt, Foto: Dirk Meier

richtsprotokoll schildert einige Klagen. In solchen Niederschriften finden sich immer wieder Verletzungen des Deichfriedens. Der Deichbau blieb Sache der einzelnen Harden als den königlich-dänischen Verwaltungsbezirken. Noch im Eiderstedter Landrecht von 1466 war keine Harde der anderen zur Deichhilfe verpflichtet. Die spärliche schriftliche Überlieferung zum Deichrecht in Nordfriesland unterstreicht die Entwicklung des Deichwesens vom individuellen Unternehmen einzelner Bewohner auf den Warften zur überregionalen Kirchspiel- und Hardesaufgabe bis hin zur umfassenden landesherrlichen Hoheit seit dem 16. Jahrhundert.

Der Bau der ersten Deiche, deren Höhe sich nach empirischen Erfahrungen älterer Fluthöhen richtete, folgte dem Verlauf der vielen Buchten und Prielströme. Diese wurden immer in einem gewissen Abstand zur See errichtet. Möglicherweise gab es in Nordfrankreich und Flandern erste Flussdeiche bereits im 10. Jahrhundert, während Seedeiche entlang der Nordsee bislang nicht vor dem 12. Jahrhundert nachweisbar sind. Ein erster indirekter Hinweis auf die Existenz von Deichen in den nordfriesischen Uthlanden lässt sich einer Urkunde des Jahres 1198 entnehmen, die Anweisungen des Papstes Innozenz III. an den Propst des uthlandfriesischen „Strandes" enthält. Darin ist von *der Überschwemmung der Gewässer* und von den durch *Gräben bereiteten Hindernissen* die Rede. Dies lässt, ähnlich wie in den Elbmarschen, auf eine Kultivierung vermoorter Marschen schließen.

Im Zusammenhang mit der Erwähnung der Friesen schildert Saxo Grammaticus (1150–1220) in seiner dänischen Geschichte erstmals die Folgen von Deichbrüchen:

Die Überschwemmungen des Meeres geben Anlass zu übermäßig reichem Wachstum, doch ist zweifelhaft, ob diese Überflutungen nur Vorteile bieten, denn wenn es stark stürmt, brechen die Wellen durch Dämme, mit denen sich die Bewohner gegen das Meer schützen. Es wälzen sich manchmal solche Wassermassen über die Felder, dass zuweilen nicht nur die fruchtbare Erde, sondern auch Häuser und Menschen weggespült werden.

Die ersten Deichlinien folgten dem Verlauf der vielen Buchten und Prielströme und wurden immer in einem gewissen

In dem um 1230 verfassten Sachsenspiegel des Eike von Repgow finden wir im zweiten Buch des Landrechts im 56. Artikel drei Paragraphen zum Wasser- und Deichwesen. Quelle: Universitätsbibliothek Heidelberg

Abstand zur See errichtet. Viele dieser Küstenschutzbauwerke mit ihren relativ breiten Kronen dienten zugleich als Verkehrswege. Dort, wo breite Prielströme die Marschen inselartig zerschnitten, war nur ein Bau lokaler, ringförmiger Deiche möglich. Beispiele solcher lokalen Ringdeiche mit regellos verteilten Warften und unregelmäßigen Blockfluren haben sich auf Pellworm ebenso erhalten wie im nordwestlichen Eiderstedt im Gebiet zwischen Wester- und Osterhever. Eine verbesserte Deichbautechnik erlaubte im späten Mittelalter dann die Abdämmung breiter Prielströme und größerer Meeresbuchten von ihren Rändern her.

Anders als in Flandern und Holland, wo es eine straffere Adelsherrschaft gab, wurden in Ostfriesland die Landesgemeinden und deren Landesviertel durch ihre gewählten Vertreter zu Trägern des Deichbaus und der Entwässerung, in Dithmarschen waren es die in Kirchspielen organisierten bäuerlichen Genossenschaften.

Die archäologischen Profilschnitte mittelalterlicher Deiche aus Eiderstedt und Nordfriesland zeigen, dass im 12. Jahrhundert niedrige, bis NN +1,50 m hohe Sommerdeiche mit flachen Böschungen aus Kleisoden aufgeschüttet wurden, die bis 1362 auf NN +2 m erhöht wurden, um auch die Wintersturmfluten abzuhalten. Die durchschnittliche Breite dieser Deiche lag meist bei 6 m, wobei die Böschungen im Regelfall eine Neigung von 1:4 an der Seeseite und 1:2 an der Landseite besaßen. Die Deiche des 14./15. Jahrhunderts wiesen hingegen schon Breiten von bis zu 15 m auf. Solche mittelalterlichen Deiche sind im nördlichen Eiderstedt besonders gut erhalten, wo im Gebiet von Poppenbüll und Osterhever mehrere Kleinköge auf lokale Eindeichungen schließen lassen. Den sicheren Schutz der Bewohner vor Sturmfluten bildeten hier aber noch lange Zeit die Warften. Die archäologische Untersuchungen belegen, dass die im 12. Jahrhundert im nördlichen Eiderstedt neu errichteten Warften bis NN +3 m hoch aus Klei aufgeworfen und im 14. Jahrhundert noch um einen Meter erhöht wurden. Diese Beobachtungen decken sich mit weiteren siedlungsarchäologischen Untersuchungen auf der nordfriesischen Insel Pellworm. Hier war schon um 1200 mit dem Großen Koog ein größeres Marschgebiet bedeicht, in dem mehrere Hofwarften lagen.

Das breite Fallstief im nordwestlichen Eiderstedt wurde erstmals 1437 durch den Heverkoog abgedämmt (geradliniger Deich im oberen Bildausschnitt). Rechts oben erkennt man einen Teil des im 12. Jahrhundert errichteten Ringdeiches des St.-Johannis-Kooges. Typisch sind die unregelmäßigen, noch an die ehemaligen Priele erinnernden Fluren. In den Deichverlauf sind zwei Hofwarften einbezogen.
Foto: Walter Raabe

Deichbau und Landgewinnung in der frühen Neuzeit

Seit dem 15. Jahrhundert nimmt der landesherrliche Einfluss auf den Deichbau zu. In Dithmarschen mehren sich nach 1559 nicht nur die Verpflichtungen zur Deichunterhaltung, sondern durch Neueindeichungen wurden Marschen – oft gegen den Protest der einheimischen bäuerlichen Bevölkerung – verpachtet und in abgabepflichtiges Koogland umgewandelt.

Auch die Nutzung des Vorlandes war oft umstritten. Ein Beispiel bildet die Auseinandersetzung um die Insel Dieksand zwischen dem seit 1559 vom Schleswiger Herzog regierten Norderdithmarschen und dem königlich-dänischen Süderdithmarschen. Im Zuge des Streites entstand 1613 eine Karte, welche die Insel Dieksand vor der Süderdithmarscher Küste zeigt. Am Ende des Streites ließ der Süderdithmarscher Statthalter des dänischen Königs ein festes Haus mit Ringdeich und wehrhafter Besatzung auf dem Dieksand errichten, das allerdings nur wenige Jahre den Stürmen standhielt. Ferner zeigt die Karte den damaligen Seedeich, die Watten und nord-südlich verlaufenden Priele.

Infolge des landesherrlichen Einflusses auf den Deichbau im Nordseeraum entstanden seit dem 17. Jahrhundert zahlreiche sog. oktroyierte Köge. Oft übernahmen Unternehmer die Eindeichungen und Verpachtungen für den Landesherren. Derartige Ansprüche des Adels wurden erstmals in Süderdithmarschen 1671 vertreten, nachdem dies in Holland schon im Mittelalter üblich war, da sich die Grafen hier viel früher die Herrschaft über die Küstengebiete sichern konnten. So sprach Wilhelm II. von Holland von den Marschen als ihm zustehende Vorländer.

Als Resultat der rücksichtslosen Eindeichungspolitik und des Landabbruchs infolge von Sturmfluten grenzten viele

Dithmarscher Watt, Tuschzeichnung 1613 (Westen ist oben). Die Karte entstand in einem Streit um die Nutzung des Außendeichlandes von Dieksand zwischen Süder- und Norderdithmarschen. Am Ende ließ der Statthalter Süderdithmarschens zur Sicherung seiner Hoheitsansprüche ein festes Haus mit Ringdeich und wehrhafter Besetzung draußen auf dem nicht bedeichten Dieksand bauen (oben links). Es hielt allerdings nur wenige Jahre den Stürmen stand. Damals waren noch alte in nord-südlicher Richtung verlaufende Priele vorhanden, die aber nur bei Flut Wasser führten. In den letzten 200 Jahren sind sie durch die neuen Köge vor allem im Südteil Dithmarschens verschwunden. Quelle: Verein für Dithmarscher Landeskunde, Geschichte Dithmarschens (Heide 2000) 198

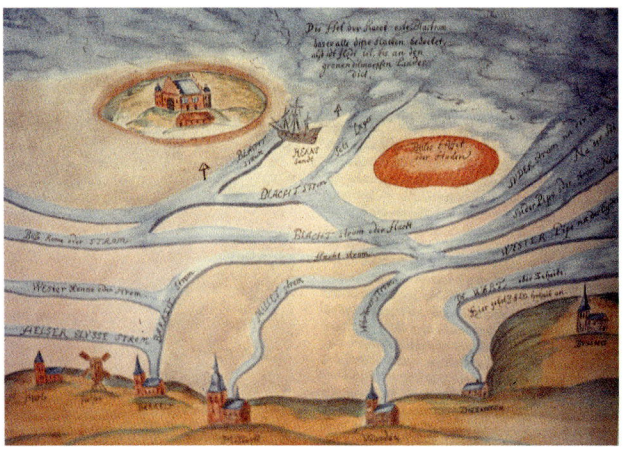

Deiche nun direkt an das Meer. Damit bereitete die Sicherung des Deichfußes große Probleme. An diesen Küstenabschnitten entstanden seit dem 15./16. Jahrhundert Deiche mit senkrechtem Holzabschluss. Westlich der Weser nannte man diese Deiche „Holzungen", nördlich davon Stackdeiche. Den seeseitigen Fuß dieser Deiche bildete nach den Beschreibungen des nordfriesischen Pastors Johannes Petreus eine steile Bohlenwand mit in den Untergrund eingerammten Eichenpfosten als Stützen. Zusätzlich stabilisierten in den Deichkörper reichende und mit der Bohlenwand verzapfte Ankerbalken die Konstruktion. Als solche Widerlager am Ende der Ankerbalken dienten Astgabeln oder mit Querhölzern verzapfte kleine Hölzer. Um das Ausspülen von Deicherde zu verhindern, verstärkten Erdsoden die Bohlenwand. Vom verbretterten Deichfuß stieg die Außenböschung des Deiches zur Krone flach an, während die Innenböschung steiler war. Die aufwendige technische Konstruktion konnte jedoch nicht verhindern, dass die am Deichfuß brechenden Wellen den Wattboden davor ausspülten und so die Standsicherheit der Schutzwehr gefährdeten. Dort, wo sich tiefe Rinnen bereits bedrohlich nahe an den Deich vorgeschoben hatten, sollten seit dem 15. Jahrhundert in das Watt vorgetriebene Dämme aus Holzpfählen, sogenannte „Höfte", die Unterspülung des Küstenschutzbauwerks verhindern.

In einigen Kirchspielen Nordstrands besaßen auch Mitteldeiche einen verbretterten Fuß, um das wenig geeignete

Über die Geschichte des Deichbaus informiert das Büsumer Deichfreilichtmuseum. Im Vordergrund ist ein Sommerdeich um 1200 rekonstruiert, dahinter ein Stackdeich sowie ein Bermedeich um 1600.
Foto: Dirk Meier

Seit der frühen Neuzeit sind die langgezogenen Seedeiche wie der des 1611 eingedeichten Alt-Augustenkooges ein gutes Beispiel dafür, wie sehr der Mensch in den Naturraum der Nordseeküste eingegriffen hat, um landwirtschaftliches Nutzland zu schaffen.
Foto: Dirk Meier

Klei-Torf-Gemenge des Deichkörpers zusammenzuhalten. Die Beschreibung der Nordstrander Stackdeiche (Moordeiche) von Petreus ist allerdings nicht sehr genau. Diese sollen angeblich 3,50 bis 7 m breit gewesen sein, eine sehr steile Binnenböschung und eine Höhe von nur 3,50 bis 7 m gehabt haben. Nicht mehr als ein Viertel der Seedeiche Alt-Nordstrands wird allerdings als Stackdeiche ausgeführt gewesen sein, denn länger waren die gefährdeten Deichstrecken zu jener Zeit nicht. Bau und Unterhaltung der Stackdeiche mit ihrem enormen Holzbedarf in der baumlosen Marsch verschlangen ungeheure Summen. Hunrichs begründete die Ablehnung des weiteren Baus dieser Deiche 1771 daher auch damit, dass das Geld in den Uthlanden nicht so *überflüssig* sei wie in den Niederlanden.

Nach dem *Teich-Receß* der Südermarsch unterhielt man den Stackdeich vor der Halbmond-Wehle südwestlich von Husum noch bis in die zweite Hälfte des 18. Jahrhunderts. Ebenfalls als Stackdeich entstand nach spätmittelalterlichen Vorläufern auch der Deich des Porrenkooges vor Husum. Einer Kostenaufstellung zufolge war dieser schon 1577 als Stackdeich vorhanden. Erst in den Fachbüchern zur Deichbautechnik seit der zweiten Hälfte des 18. Jahrhunderts wird deren Bau – meist aus Kostengründen – nicht mehr empfohlen. Stackdeiche blieben bis zu den größeren Bermedeichen mit Strohbestickung im 18. Jahrhundert und neuzeitlicher Steindossierung an gefährdeten Stellen in Gebrauch. Aus einem Bericht von 1711 geht hervor, dass die

Die kalkreichen jungen Marschen mit ihren guten Böden in den neu eingedeichten Kögen versprachen gute landwirtschaftliche Erträge. So entstanden Bauernhäuser mit großen Bergeräumen für das Getreide wie der Haubarg in Eiderstedt. Foto: Haubarg im Alt-Augustenkoog, Dirk Meier

Deiche an der Westküste Pellworms zwar aus gutem Klei bestehen, aber zu schwache Stackdeiche sind.

Das 17. Jahrhundert brachte neue technische Verbesserungen des Deichbauwesens. Die Deichbaumeister dieser Zeit stammten, wie Johann Claussen Rollwagen (1597/1616–1659), meist aus den Niederlanden. Das Regelprofil der von Rollwagen zu Beginn des 17. Jahrhunderts in Eiderstedt errichteten Deiche wies eine Außenböschung von 1:4, eine

Brachen die Deiche, blieben oft Wehlen zurück, die nur umdeicht werden konnten. Halbmondwehle Südermarsch, von Richard von Hagn 1923. Nissenhaus Husum.
Quelle: wikimedia

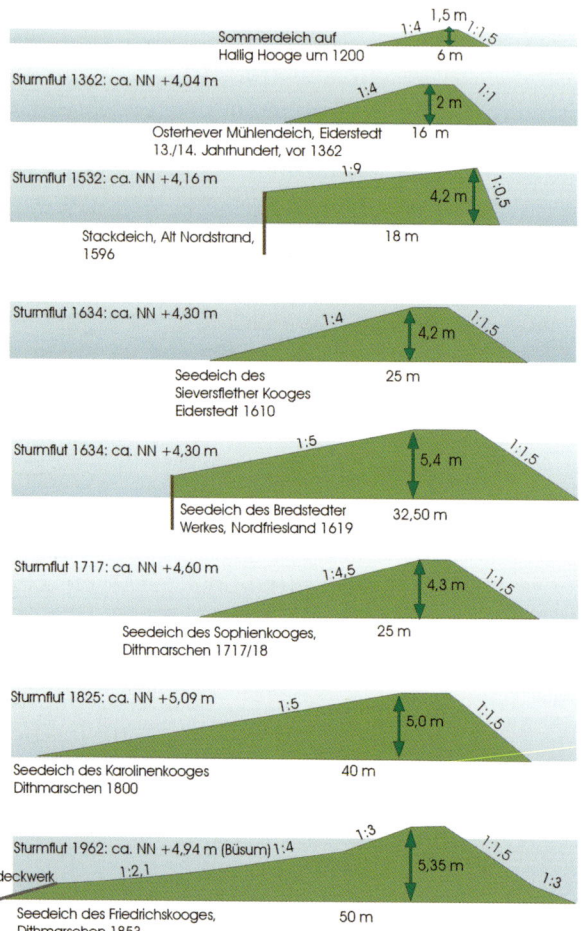

Entwicklung der Deiche anhand von Beispielen.
Grafik: Dirk Meier

Innenböschung von 1:1,5, eine absolute Höhe von 3 m und eine Basisbreite von 20 m auf. Diese Ausmaße lagen somit beträchtlich über denen der hochmittelalterlichen Deiche, wenn die Innenseite auch zu steil geböscht blieb. Schnurgerade wie der Deich des Alt-Augustenkoogs in Eiderstedt ziehen sie sich durch die Landschaft und bilden einen auffälligen Kontrast zu den vielfach gewundenen mittelalterlichen Deichen. Im neuen Koog entstanden planmäßig in einer Reihe mehrere Haubarge auf flachen Warften. Planmäßige Sielzüge durchzogen die breiten Fluren. Die kalkreiche, neu eingedeichte Marsch erlaubte hohe Getreideerträge.

Rollwagen war der erste Deichbaumeister in Nordfriesland, der 1610 für den Deichbau des Sieversflether Koogs in Eiderstedt 1.000 bis 1.400 Tagelöhner anstellte und die bis dahin von Pferden gezogenen Wagen und Sturzkarren durch holländische Schubkarren ersetzte. Den Deichfuß der Bermedeiche sicherte an gefährdeten Stellen eine Bestickung aus Stroh. Mit der Sticknadel wurden in bestimmten Abständen aus Roggenstroh gewundene Seile krampenartig in den Deichkörper gedrückt. Die Technik des Strohbestickens kam schon im 14. Jahrhundert auf. Für lange Deichstrecken wurden ungeheure Strohmengen benötigt. Vielfach mussten die bäuerlichen Betriebe hinter den Deichen ihr ganzes Stroh zur Verfügung stellen, das daher auch nicht ausgeführt werden durfte. Hunrichs beschrieb dabei die im 18. Jahrhundert übliche Ausrüstung der Deicharbeiter oder Koyerer. Für die mit Schubkarren angefahrene Deicherde wurden Läufer und Spitter benötigt. Jeder Arbeiter verfügte über sein eigenes Werkzeug in Form hölzerner Spaten und Schaufeln, die an der Seite ebenso wie an der Schneide mit Eisen beschlagen waren. Spaten, Forken und Tragbahren hatte es bereits seit dem Mittelalter gegeben. Seit dem 15. Jahrhundert kamen Sturzkarren oder Störten auf, ein Kasten auf zwei Rädern, der durch einen Seilzug gelöst und dann gekippt wird. Solche Karren waren noch im 19. Jahrhundert in Benutzung.

Die seit Beginn des 17. Jahrhunderts in Nordfriesland errichteten Deiche lobt Doktor Heistermans *Nachricht von Teichwesen*, das die Vorteile gegenüber dem Deichbau der Vorfahren klar herausstellt und auch Hinweise zum Sielbau sowie zu praktischen Fragen des Deichrechts beinhaltet. Heistermann fungierte als herzoglicher Gutachter für das sog. „Bredstedter Werk" und war Mitglied der Landesvisitations-Kommissionen von 1709 bis 1711. Der Erfahrungsaustausch über die zweckmäßige Gestaltung der Deichquerschnitte blieb aber noch gering, wie auch das Lehrbuch über den Deichbau von Albert Brahms von 1767/73 erst gegen Ende des 18. Jahrhunderts Verbreitung fand. Darin wurde die Profilgestaltung von Deichen, deren Widerstandsfähigkeit gegen Wellenangriff bei hohen Sturmtiden entscheidend ist, untersucht wie auch guter Deichboden vorgeschlagen. Deichprofile mit flachen Böschungen hatten sich bereits im Mittelalter als besonders günstig gegen Wellen erwiesen. Da die Innenböschung der spätmittelalterlichen und frühneuzeitlichen Deiche mit 1:1,5 jedoch zu steil blieb, untergruben überschlagende Wellen den Deich von hinter her und verursachten so Kappenstürze.

Konnten die Deiche seit dem 17. Jahrhundert auch professioneller ausgeführt werden, so erwies sich die Schließung der Deiche nach Brüchen noch oft als problematisch. So berichtet Boetius über den missglückten Versuch, den Boden einer Wehle durch mit Erde ausgefüllte Strohsäcke auszufüllen. Durch versenkte Schiffe, über die Erde gehäuft wurde, ließen sich zerstörte Deiche wieder schließen.

Moorkultivierung und Entwässerung

Der mit dem Deichbau einhergehende Landesausbau zielte neben der Seemarsch und der Gewinnung von Neuland vor allem auf die Sietländer. Im hohen Mittelalter boten diese teilweise ausgedehnten, wasserreichen und vermoorten Gebiete im Hinterland der altbesiedelten See- und Fluss-

In der frühen Neuzeit dominierte im südlichen Nordseeraum holländischer Einfluss im Bereich der Deichbautechnik und der Entwässerung. Grafik: Dirk Meier nach O.S. Knottnerus

Der Ausschnitt der Karte von Varendorf (1743–1812) des südlichen Dithmarscher Küstengebietes zeigt die Seemarsch mit ihren Dorfwurten und das dahinterliegende, kultivierte Sietland mit seinen Marschhufensiedlungen und geradlinigen Entwässerungsgräben. Quelle: Martin Gietzelt (Red.), Geschichte Dithmarschens (Heide 2000). Boyens

marschen zwar schwer zu kultivierende, aber notwendige Flächen für die Landnutzung und Ansiedlung einer zunehmenden Bevölkerung. Hier führten nun Gräben das Wasser ab, die in quer verlaufenden Sammelgräben (Wettern) endeten, die entweder in die Flüsse oder das Meer entwässerten. Die Entwässerung der Moore bewirkte gleichzeitig eine Setzung, Humifizierung und Oxydation der Torfschicht. Zwischen den Gräben erstreckten sich beiderseits langgezogener Siedlungsreihen (Marschhufensiedlungen) mit niedrigen, als Schutz gegen das Binnenwasser errichteten Hofwurten langschmale Reihenfluren, die immer weiter in das Ödland vorgestreckt wurden. Flache Dämme (Sietwenden, Siddeldeiche) trennten dabei die verschiedenen Entwässerungsgebiete voneinander. Diese typische, im Mittelalter entstandene Kulturlandschaft prägt noch heute das Bild der inneren See- und Flussmarschen wie auf Nordstrand, dem mittleren Eiderstedt oder die landseitigen Gebiete der Dithmarscher Seemarschen und der Elb- und Wesermarschen.

Die technischen Verfahren dieser Moorkultivierung waren auf der Grundlage friesischer Verfahren im 11./12. Jahrhun-

Erst die in Holland entwickelten Poldermühlen konnten das Problem der Entwässerung der tiefliegenden Moore und Sietlandsmarschen lösen, mit ihnen wurden auch Binnenseen trockengelegt.
Foto und Grafik: Dirk Meier

Poldermühle   Deich   Kanal   Polder

Klei

veen

Siele sorgen für die Entwässerung der Marschen. Das Bild zeigt das 1885 erbaute Siel in Hooksiel in Niedersachsen. Diesem Siel gingen mehrere Holzsiele voraus.
Foto: wikimedia

dert in Holland durch die Grafen und Bischöfe von Utrecht entwickelt worden. Holländer als Spezialisten wurden bald auch in den Weser- und Elbmarschen ansässig. In den Wesermarschen rief der Bremer Bischof Holländer ins Land, während in Ostfriesland die Landesgemeinden, genauer deren Landesviertel *(fiadandele)* mit ihren Lenkungsinstitutionen der Ratgeber *(redjeven),* die Organisation des Landesausbaus mit der Vergabe der Ländereien in den Sietlandsmarschen übernahmen.

In Dithmarschen fungierten die Geschlechter und ihre Gefolgsleute als Siedlungsgenossenschaften. Die im kultivierten Neuland angelegten Marschhufensiedlungen tragen hier meist einen Personennamen und enden auf -wisch (Jarrenwisch, Hödienwisch, Edemannswisch und Wennemannswisch).

Die mit hohem Aufwand urbar gemachten Flächen drohten jedoch aufgrund der Bodensackungen bald wieder zu versumpfen. Erst der Einsatz der in Holland entwickelten Poldermühlen mit drehbaren Wasserschnecken (archimedische Schrauben) seit dem Anfang des 16. Jahrhunderts hat hier die Entwässerungsprobleme gelöst.

Das überschüssige Wasser, das die Sielzüge ableiteten, mündete durch Siele in die Nordsee. Die Entwässerung musste sich dabei dem Rhythmus der Tiden mit zweimaligem Tidehoch- und Tideniedrigwasser anpassen, da der Abfluss des Binnenwassers durch ein Siel nur während des Tideniedrigwassers (Ebbe) möglich ist. Blieben die Siele während hoch auflaufender Hochwasser länger geschlossen, ließ sich das von der Geest ablaufende Wasser oft nicht mehr abführen, so dass es zu Stauwasserproblemen kam. Erst die maschinell betriebenen Schöpfwerke der Neuzeit haben die Probleme des Binnenwasserstaus weitgehend beseitigt.

Eines der ältesten, wahrscheinlich in der Marcellusflut 1362 zerstörten Siele legten Ausgrabungen zwischen Weser und Jade frei. Dieses einfache Siel bestand aus einem ausgehöhlten Baumstamm und einem aus Eichenholz gezimmerten Kanal. Das äußere Ende des ausgehöhlten Baumstammes schloss eine aufgehängte Klappe, die sich bei einseitigem Wasserdruck von innen öffnete und das Binnenwasser herausließ. Solche ausgehöhlten Baumstämme bilden die einfachste Form der Siele. Die ebenfalls 1362 zerstörten beiden Siele im Niedam-Deich von Rungholt im nordfriesischen Wattenmeer sind bereits aufwendiger konstruierte, 1,3 m breite und bis 20,5 m lange Kammersiele mit Holzwänden. Eine Holzklappe bildete den äußeren Verschluss dieser Konstruktion. Die Überreste eines ähnlichen, nach 1164 erbauten Kammersiels kamen im Watt vor Seriem, Kr. Wittmund, zutage. Sowohl die ausgehöhlten Baumstämme als auch die Kammersiele sind sog. Klappsiele und funktionieren nach dem gleichen Prinzip. Stand bei Ebbe das Binnenwasser höher als das Außenwasser, drückte der Wasserdruck die Klappe nach oben, so dass das Wasser ausströmte. Die einsetzende Flut verschloss die Klappe wieder und verhinderte so das Einströmen von Salzwasser.

Zerstörungen infolge von Sturmfluten und geringe Haltbarkeit der Siele infolge des Absetzens von Sinkstoffen erforderten ständige Neubauten. Die Erfahrung lehrte, dass nur große Siele mit einer Zusammenfassung des Wassers aus den einzelnen Sielzügen in einem Speicherbecken die Funktion der Entwässerung optimal erfüllten. Seit dem 16. Jahrhundert begann daher der Bau größerer Torsiele mit offenem Außenvorsiel, rechteckigem Sieltunnel und offenem Binnenvorsiel, die in ihrer Länge der damaligen Deichbreite von etwa 30 m entsprachen. Zur Seeseite verschlossen zwei Sturmtore das Siel. Bei Ebbe öffneten sich die schweren Tore mit ihrer Holzriegelkonstruktion und schlossen sich bei Flut durch den äußeren Wasserdruck. Infolge der Fäulnis des Holzes und der im Salzwasser lebenden Bohrmuschel war die Haltbarkeit solcher Holzsiele nur gering.

Seit der Mitte des 18. Jahrhunderts verdrängten Siele mit Steinmauerwerk und höheren gemauerten Tunneln die alten Holzbauten. Eines der wenigen erhaltenen Deichsiele dieser Zeit ist das 1798 erbaute Greetmersiel im ostfriesischen Greetsiel mit seinen großen, ehemals von Wärtern bedienten Holztoren. Aus diesem Sieltyp entstanden dann Ende des 18. Jahrhunderts offene Sielschleusen ohne Deichüberbauten. Seit Beginn des 20. Jahrhunderts verbesserten zunächst mit Dampfmaschinen betriebene Schöpfsiele die Entwässerung.

Salztorfabbau

Vom 11. bis in das 15. Jahrhundert bildete die Salzgewinnung in vielen Gebieten an der Nordseeküste zwischen Flandern und Nordfriesland einen bedeutenden Wirtschaftsfaktor. Spuren dieses Salztorfabbaus haben sich vor allem im nordfriesischen Wattenmeer, aber auch im ostfriesischen Bensersieler Watt, ebenso in der Westermarsch bei Norden und im Juister Watt erhalten.

Da man bei unserem feuchten Klima durch Verdunsten von Meerwasser kein Salz gewinnen kann, boten sich zur zusätzlichen Salzgewinnung vor allem die von jüngeren Meeresablagerungen bedeckten salzdurchtränkten Torfe als Reste ehemaliger Vermoorungen im Küstengebiet an. Bei diesem Verfahren wurde der Torf gestochen, verbrannt und dann aus der Asche das Salz ausgelaugt und eingedampft.

Dort, wo die Salzgewinnung außerhalb der bedeichten Marschen erfolgte, schützten niedrige Kajedeiche, sog. Salzköge, Salzsiederwarft und Abbauflächen. Die stark salzhaltige Asche wurde zu der auf einer Warft errichteten Salzbude gebracht und in hölzerne Trichter (Küppen) gekippt, in deren Mitte sich ein für die Asche undurchlässiger Rost aus hölzernen Speichen und einem Strohgeflecht befand. Aus einem Brunnen bezogenes Meerwasser wurde solange durch den Trichter geleitet, bis der eingefüllten Asche das Salz entzogen war. In einer zweiten Küppe wurde der Vorgang wiederholt, und die gesättigte Lösung (scharfer Pekel, Breen) floss dann in eine runde, eiserne Siedepfanne, unter der sich ein Feuerungsraum befand. Mittels des nun stattfindenden Siedeprozesses musste zur Gewinnung feinkörni-

Vom 11. bis in das 15. Jahrhundert bildete die Salzgewinnung in vielen Gebieten an der Nordseeküste zwischen Flandern und Nordfriesland einen bedeutenden Wirtschaftsfaktor. Im Vordergrund des Schemas ist eine Salzsiederwarft dargestellt. Die Salzsieder graben den von Sedimenten bedeckten Torf ab, wenden ihn und bringen diesen auf die Warft. Niedrige Deiche schützen die Abbaufelder. Der Salztorfabbau bedeutete einen ungeheuren Raubbau an der Natur. Grafik: Dirk Meier

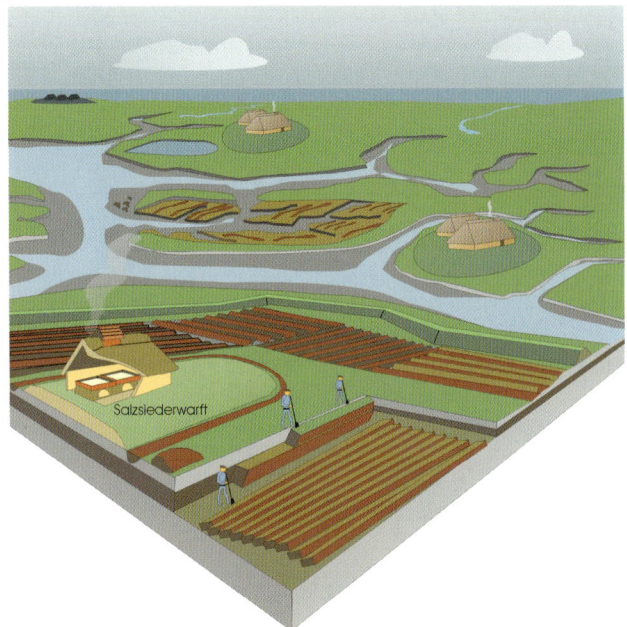

gen Salzes die Sole bei hohen Temperaturen bis 12 Stunden kochen, und dann füllte man das Salz in hölzerne Tröge.

Für die gesamte friesische Küstenregion zwischen Eider und Wiedau kann die Gewinnung von „Friesensalz" bis in das 15. Jahrhundert hinein als weitverbreitetes Gewerbe gelten. Intensiv betrieben wurde die Salzgewinnung in der Bökingharde mit der Halbinsel Gamsbüll, auf den Inseln Sylt und Föhr sowie im Watt der Halligen Hooge, Gröde und Langeneß, an deren Südseiten noch heute Spuren des Salztorfabbaus zu erkennen sind. Der Salztorfabbau kam zum Erliegen, als das „friesische Salz" gegenüber dem aus den Bergwerken gewonnenen Salz in der frühen Neuzeit nicht mehr konkurrenzfähig war.

Da infolge diese Raubbaus vor allem im Gebiet eingedeichter Marschen auch Landoberflächen tiefergelegt wurden, war dies eine Ursache für die Landverluste der spätmittelalterlichen und frühneuzeitlichen Sturmfluten. So ging beispielsweise besiedeltes Kulturland im Bereich der heutigen nordfriesischen Halligen unter. Die hier ehemals im

Raum zwischen Hooge und Habel liegenden, 1362 untergegangenen Kirchspiele gehörten zum Bereich der Pell-
worm-, Wirichs- und Beltringharde sowie zur Probstei des
alten Strandes. Das sumpfige, von Schilfdickichten bedeckte Land hatten im hohen Mittelalter erstmals Siedler in Besitz genommen und entwässert. Überreste dieser Aktivitä-
ten ebenso wie Siedlungsreste und Sodenbrunnen sind
nördlich der heutigen Hallig Habel auf einer Höhenlage von
NN –1 m nachgewiesen. Ein Teil des niedrigen Kulturlandes
ebenso wie die Salztorfabbaufelder umgaben im hohen Mittelalter niedrige Deiche. Der Umfang dieses Erwerbszwei-
ges ergibt sich auch aus dem Schleswiger Stadtrecht von
1150, das einen Einfuhrzoll für friesisches Salz festsetzt.

Dieser umfassende Salztorfabbau erleichterte die spätmittelalterlichen Meereseinbrüche mit dem Vorstoßen von
Süder- und Norderaue im Gebiet der heutigen nördlichen
Halligen, die hier zu einer starken Zerschneidung der Landschaft führten. Die Nordsee bedeckte das Moor mit Sedimenten, auf denen die heutigen nördlichen Halligen, wie
Hallig Habel, aufwuchsen. Deren Oberfläche liegt 3 m oberhalb des im 12. Jahrhundert kultivierten Landes. Die um
1600 noch recht große Hallig mit drei oder vier Häusern verkleinerte sich infolge des stürmischen Meeres bis auf ihre
heutige Größe. Zu Beginn des 19. Jahrhunderts zerstörte
das Meer die Süderwarft, während die Norderwarft noch bis
1923 bewohnt wurde. Heute wird Habel vom Naturschutz-
verein Jordsand betreut.

Spuren des Salztorfabbaus findet man noch an vielen Stellen
im Gebiet der nördlichen nordfriesischen Halligen.
Foto: Dietrich Hoffmann

Vogelfang

Bereits die Jäger und Sammler der Mittelsteinzeit jagten im Küstengebiet Vögel, und auch für die bäuerlichen Siedler in den Nordseemarschen bot der Vogelfang eine Möglichkeit der Nahrungsergänzung. Die auffälligsten Anlagen für den Vogelfang, wie er seit der frühen Neuzeit ausgeübt wurde, sind die Vogelkojen (niederländisch: *kooi* „Käfig, Verschlag, Stall", hochdeutsch: Koje, auch *Entenkoje*) als Entenfangeinrichtung. Bei den Vogelkojen befinden sich am Ende eines künstlichen Teichs meist vier mit Netzen überspannte „Pfeifen". In diese Reusen lockten während des Vogelzugs gezähmte Lockenten herbeifliegende Wildenten, wo ihnen vom *Kojemann* oder *Kojenwart* der Hals umgedreht wurde (kringeln oder ringeln). Die Enten wurden nicht nur zum frischen Verzehr gefangen, sie wurden auch eingepökelt und

Vogelkoje im Ütermarker Koog auf Pellworm.
Foto: Michael Schuchard

Im Küstengebiet wurden Vögel nicht nur gefangen, sondern auch Gänse gezüchtet, die hier 1910 auf dem Franzosensand in Dithmarschen gerupft werden. Foto: Eduard Meier

in Fässchen exportiert. Diese Fangmethode stammt aus den Niederlanden, wo älteste Anlagen seit dem 16. Jahrhundert nachgewiesen sind. Nach diesen Vorbildern wurden auf den nordfriesischen Inseln seit dem 18. Jahrhundert Vogelkojen eingerichtet, die heute jedoch – wie auf Föhr und Pellworm – meist nur noch touristischen Zwecken dienen. In Kampen auf Sylt befindet sich in der „Vogelkoje" eine Ausstellung zum historischen Vogelfang.

Fischfang

Der Fischfang gehört zu den ältesten menschlichen Ernährungsmöglichkeiten und wurde daher schon von den ersten steinzeitlichen Jägern und Sammlern an der Küste des Wattenmeeres betrieben, später als Nebenerwerb auch von den in den Seemarschen sesshaft gewordenen bäuerlichen Siedlern.

Ob in dieser Zeit die Fischerei auf das Wattenmeer begrenzt war oder ob auch die offene See genutzt wurde, bleibt unklar. Allerdings wurden für die Wurt Feddersenwierde im Land Wursten Kabeljaue von über einen Meter Länge nachgewiesen. Tiere solcher Größenordnung dürften sich nicht im Wattenmeer aufgehalten haben. Wandernde Fische hingegen, wie Lachse und Störe, gelangten früher auf ihren Laichzügen regelmäßig in das Wattenmeer und in die Flussmündungen und waren daher für die Wurtbewohner leichter zu erbeuten. Störe sind daher auch in Süder-

In der frühen Neuzeit wurde noch als Nebenerwerb Fischerei mit Fischfanganlagen betrieben. Die Reste einer solchen Anlage des 17. Jahrhunderts wurden im Watt vor Ehst, Eiderstedt, dokumentiert.
Foto: Dirk Meier

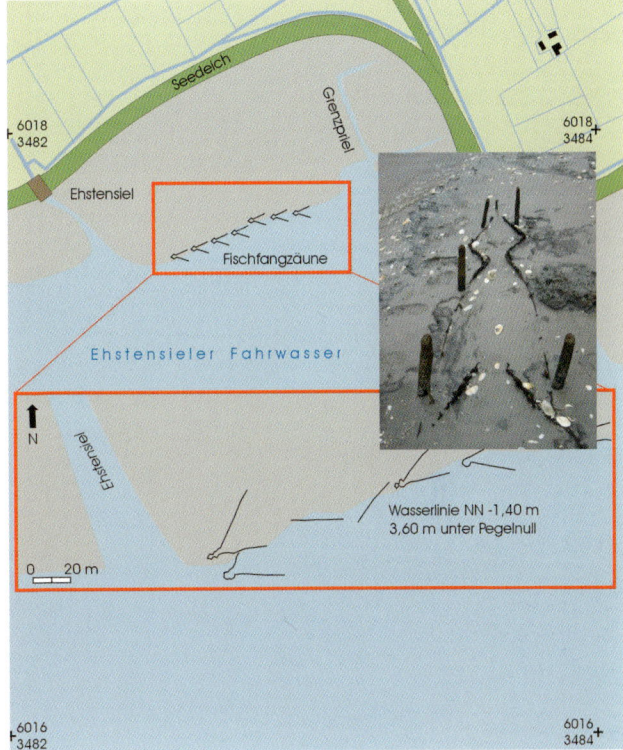

busenwurth, Dithmarschen, aus Fundzusammenhängen des 1./2. Jahrhunderts n. Chr. belegt. Weitere Nachweise des Störs stammen aus den frühmittelalterlichen Wurtsiedlungen von Wellinghusen, Dithmarschen, und Elisenhof, Eiderstedt. Die ebenfalls belegten Kabeljaue dürften hier als beliebter Wirtschaftsfisch wohl angelandet worden sein.

Während sich dann seit dem späten Mittelalter eine eigenständige Fischerei mit Booten in speziellen Fischersiedlungen in einigen Nordseeküstenregionen, so in Flandern und England, entwickelte, blieb die Fischerei entlang der deutschen Nordseeküste zunächst überwiegend ein Nebenerwerb. Wie der Gerichtsvogt Lobsen aus Wyk 1771 betont, wurde beispielsweise die Fischerei auf Föhr nur entlang der Küste zum Eigenbedarf ausgeübt, wo *wenige kleine Schulen, Aale und sogen. Purren gefangen werden.* Weiter heißt es in seinem Bericht: *Um Schollen und Bütte zu fangen, bedarf es nicht so vieler Umstände. Nicht weit von der Küste, an Orten, welche zur Zeit der Ebbe trocken werden, macht man von den Reisern einen Zaun, faßt in Gestalt eines lateinischen V, mit der weiten Öffnung dem Lande zu. Jetzt sind es nur wenige, die sich damit befassen.*

Reste solcher Anlagen wurden im Watt an der Außeneider bei Ehstensiel dokumentiert. Diese erstreckten sich auf mehreren 100 Metern östlich des Ehstensieler Hafenpriels parallel der Eider. Am Ende der meist V-förmig zulaufenden, sich zickzackförmig verjüngenden, bis 5 m breiten und noch 20 m langen Trichter befand sich vermutlich ein Korb. Die

Historischer Fischkutter Langediek. Foto: Dirk Meier

Fische schwammen mit dem Wasserstrom bei Flut durch die breite Öffnung in diese Falle und konnten bei Ebbe leicht geborgen werden. Nach der Radiokarbondatierung am Leibniz Institut an der Universität Kiel betrug das Alter einer dieser Anlagen 320 ± 20 Jahre vor heute (KI-A 19125), wobei kalibrierte Mittelwerte um 1525, 1559 oder 1630 errechnet wurden. Ähnliche Anlagen sind auch aus dem Büsumer Watt bekannt.

Aufwendiger war der in etwas größerer Entfernung zur Küste betriebene Rochelfang, wie Lobsen schreibt: *Man sammelt zu dem Ende im Frühjahr eine Anzahl Pfähle, etwa 30 oder mehr in einen Seestrom ein, und spannt Netze dazwischen. Die Rocheln, welche durch den Ebbestrom davon getrieben werden, bleiben, solange die Ebbe dauert, liegen und werden, ehe die Flut wieder zu setzen anfängt, mit einem Haken ins Boot heraufgeholt. Die gefangenen Fische werden sodann zu Lande gebracht und was davon nicht gleich frisch verkauft werden kann, wird ausgeweidet und auf Stangen zum Trocknen ausgehangen. Die gefangenen Rocheln werden größtenteils nach Jütland verkauft.*

Nachdem die Küsten- und Binnenfischerei in der frühen Neuzeit fast zum Erliegen kam, versuchten die Obrigkeiten im 18. Jahrhundert die Seefischerei zu fördern. So strebte der damalige Osterföhrer Landvogt Matthießen den Bau eines Fischereihafens an. Zugleich beklagte er, dass die vermögenden Bewohner der Inseln zwar erfahrene Seeleute sind, aber *fremde Mächte mehr Nutzen* von ihnen haben. Der einzige Vorteil, den sie ihrer Heimat leisten, *bestehet darin, dass sie sich etwas in der Fremde verdienen, so sie ins Land hereinbringen und hiesselbst verzehren.* Hingegen verspräche eine eigene Fischerei viel größere Vorteile. Trotz der staatlichen Förderung nahm die Seefischerei weder auf Föhr noch den anderen nordfriesischen Inseln zu.

Einer der wichtigsten Speisefische war der Hering, dessen Gründe vor Helgoland lagen. Anders als für die Bewohner des Küstengebietes selbst, bildete der Heringsfang eine der wichtigen wirtschaftlichen Säulen der Hanse. Der Fischfang wurde überwiegend in offenen Fahrzeugen, wie Ewern oder Schniggen als flachbodige Boote mit meist einem Mast und Seitenschwertern, betrieben. Nach der Chronik von C. P. Hansen von 1845 sollen die Sylter 1611 nur noch vier

Erst seit der zweiten Hälfte des 19. Jahrhunderts entstanden an der Nordseeküste zahlreiche Fischereihäfen. Die Fischerei wurde nun zu einem eigenen Berufszweig.
Foto: Klaus Vanselow

Fischewer besessen haben, nachdem 1607 beim Schollenfang 14 Ewer mit 45 Mann untergingen.

Diese Küstenfischerei erfuhr auch in der ersten Hälfte des 19. Jahrhunderts keine anhaltende Belebung, und selbst die vorübergehende Stilllegung der Handelsschifffahrt ebenso wie der arktischen Fischerei während des dänisch-englischen Krieges 1807–1814 änderte daran wenig. Während des Krieges wurden allerdings für die Fischerei besondere Maßnahmen getroffen. So war diese nur mit Patent für Fischer möglich, die in 10 bis 20 Fahrzeugen vereinigt sein mussten.

Erst ab der Mitte des 19. Jahrhunderts entwickelte sich dann die Fischerei als eigener Erwerbszweig. Häfen wie Büsum etwa waren als reiner Frachthafen entstanden, bevor 1881 die Fischerei Einzug hielt.

Seefahrt

Bereits während der Stein- und Bronzezeit gab es entlang der Nordseeküsten einen, wenn auch unregelmäßigen Seeverkehr. So ist beispielsweise der Abbau Roten Feuersteins auf der Insel Helgoland belegt, der auf das Festland gelangte. Ferner kam Zinn von England auf den Kontinent. Zwar sind aus dem Nordseegebiet prähistorische Zufallsfunde bekanntgeworden, doch keine Bootsfunde.

Erstmals in Schriftquellen belegt ist die Bedeutung der Nordsee in römischer Zeit. Zum einen segelten unter Drusus, Germanicus und Tiberius römische Flotten im Rahmen der Eroberungsversuche der Germania Libera zwischen 12 v. Chr. und 15 n. Chr. entlang der festländischen Nordseeküste und in die Flüsse Ems und Weser, zum anderen bildete der Rhein die wesentliche Verkehrsachse von den römischen Provinzen über den Ärmelkanal nach England. In spätrömischer Zeit versuchte sich das Imperium durch die Errichtung von Kastellen *(Litus Saxonicus)* gegen maritime Überfälle von Franken, Sachsen und Friesen zu sichern.

Dabei ist eine ungeklärte Frage, ab wann das Segeln bei den Germanen des Nordens aufgekommen ist. Der bedeutendste Bootsfund der Eisenzeit, das Nydamboot der Zeit um 320 n. Chr., ist noch ein reines Ruderboot für die Küstenfahrt. Seit dem 8. Jahrhundert existieren dann mit der Wikingerzeit segelbare Lang- und Handelsschiffe, die sich bald zu Prototypen der frühmittelalterlichen Kriegs- und Handelsfahrt entwickelten.

Parallel vollzog sich um die Nordsee ein Aufstieg des Seehandels. So entfaltete sich seit 700 n. Chr. der friesische, später fränkisch-friesische Handel. Zu dieser maritimen Kulturlandschaft gehörte ein dichtes Netz von Handelsorten, wie Dorestad, Hamvic (Southamton), Lundenburgh (London), Hamburg oder Ribe sowie Wurtsiedlungen, wie Emden, die vom Fernhandel profitierten.

Während der Hansezeit im hohen und späten Mittelalter bildete die Nordsee dann eine wichtige Drehscheibe des Massengutverkehrs zwischen den Hansestädten Hamburg und Bremen sowie der Niederlande, Flanderns und Englands mit ihren Kontoren in Brügge und London. Koggen, Holke sowie später der Kraweel befuhren die Nordsee.

Neben friedlichem Handel kam es dabei auch zu See-
raub. Deshalb errichtete die Hansestadt 1299 auf der Insel
Neuwerk in der Elbmündung und in Ritzebüttel an der Außenelbe jeweils einen Steinturm und versah diesen mit einer
Besatzung. Verschiedentlich raubten Dithmarscher Hanse-
schiffe aus. Als Racheakt verbrannten dafür die Hamburger
die alte Büsumer Kirche. Bekannt geworden ist vor allem
das Seegefecht gegen die Vitalienbrüder auf Helogland unter der Führung der Hamburger Ratsherrn Hermann Lange
und Nikolaus Schoke zwischen dem 15. August und dem
11. November 1400, in dessen Verlauf Klaus Störtebecker
gefangengenommen wurde.

Mit dem Niedergang der Hanse, dem Beginn des Entde-
ckungszeitalters und dem Aufschwung der Territorialstaaten
Portugal und Spanien wäre die Nordsee fast zum Randmeer
geworden. Jedoch erlebten die Niederlande seit dem sieg-
reichen 80-jährigen Krieg gegen Spanien einen beispiel-
losen ökonomischen Aufstieg. Während des Goldenen
Zeitalters wurden diese zur führenden europäischen
Wirtschaftsmacht und Amsterdam das bedeutendste Wirt-
schaftszentrum. Von den Verbindungen der 1602 gegründeten niederländischen Vereinigten Ostindischen Compagnie
(V.O.C.) mit Indonesien profitierte auch der Nordseeraum.
Neue Schiffstypen, Galeonen und Fleuten, beherrschten
das Meer.

Neben dem Handel mit Gewürzen und anderen Kolonial-
waren wurde insbesondere der Walfang zu einem wichtigen

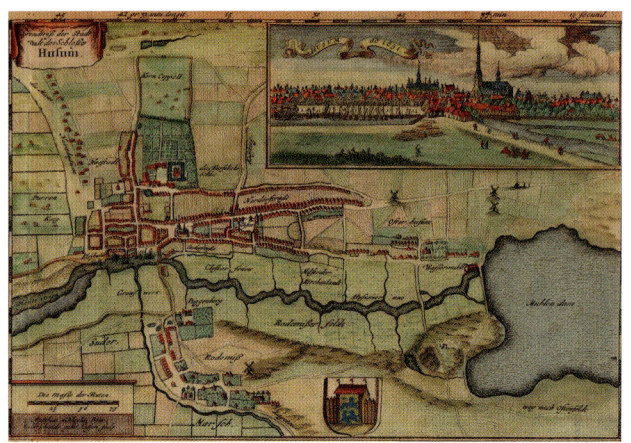

Seit dem hohen Mittelalter entstanden an der Nordseeküste
größere und kleinere Hafenorte.
Der Stich von Johannes Mejer
zeigt Husum. Aus: Neue Lan-
desbeschreibung der zwei
Herzogtümer Schleswig und
Holstein 1651

Wirtschaftszweig. Die Hansestädte Bremen und Hamburg schickten ebenfalls Handelsschiffe und sog. Grönlandfahrer aus.

Führend im Walfang in dieser Zeit waren die Niederländer. Nachdem der Holländer Willem Barents bei der Suche nach dem Seeweg nach Indien 1596 Spitzbergen entdeckt hatte und von einer ähnlichen Erkundungsreise der Engländer Henry Hudson 1607 die Nachricht mit nach Europa brachte, dass es dort viele Robben, Walrosse und Wale gäbe, sandten 1612 die Engänder und 1613 die Niederländer Fangschiffe aus. Da man Spitzbergen zunächst für Grönland hielt, sprach man noch lange von der Grönlandfahrt. Die Schiffslisten von Hamburg enthalten wohl auch deshalb erst 1719 Aufzeichnungen über den Fang von Walen in der Davis Straße vor Grönland.

Viele der Besatzungen der holländischen Schiffe waren Ost- oder Nordfriesen, die – wie Martens 1671, Zorgdrager 1720 und Jens Jacob Eschels 1835 – von ihren Fangfahrten berichteten. In der Blütezeit des Walfangs fuhren etwa 3.000 Männer von den Nordfriesischen Inseln ins Eismeer, woran sich von Jungen von 11 Jahren, wie Jens Jakob Eschels von Föhr, bis alte Leute bis an die 70 Jahre beteiligten. Allein von der Insel Föhr kamen 1760 von etwa 4.500 Einwohnern allein 1.450, darunter 64 *Commandeure* (Schiffsführer), 229 Steuerleute und Harpuniere und 1.122 Matrosen. In der Zeit

Der heutige, 1310 auf der Insel Neuwerk errichtete Turm sicherte die Schifffahrt der Hansestadt Hamburg. Die Insel in der Elbmündung lässt sich mit dem Schiff und bei Ebbe auf einem Wattenweg erreichen. Foto: wikimedia

von 1670 bis 1725 sind von Holland 7.891 und von Hamburg aus 2.692 Schiffe ausgefahren, die 34.447 bzw. 10.441 Wale fingen. Von Hamburg aus fuhren 1787 bis 1800 im ganzen 367 Schiffe, die in dieser Zeit 1.026 Wale erlegten. Der Föhringer Commandeur Mathias Petersen (1632–1706) erhielt aufgrund seiner Fangquote von 373 Walen in den Buchten Spitzbergens den Namen *Glücklicher Matthias*.

In der Winterzeit erteilten oft die älteren nordfriesischen Commandeure angehenden Seeleuten Unterricht und vermittelten navigatorische Kenntnisse. Aber trotzdem gingen bei der Grönlandfahrt zahlreiche Schiffe unter, und viele Seeleute verloren ihr Leben. Während der Fangperioden von 1670 bis 1725 sind 317 holländische Schiffe im Eis geblieben. Bei der Insel Mayen wurde 1777 sogar eine ganze holländische und englische Flotte vom Eis eingeschlossen und mit dem Eis an der Küste Grönlands entlanggetrieben, bis es im Winter dem größten Teil der Besatzungen gelang, die ostgrönländische Küste zu erreichen. Eine Anzahl der Männer wollte durch das Inlandeis zu den dänischen Siedlungen an der Westküste gelangen – man hat nie wieder was von ihnen gehört.

Gefährlich war auch der Walfang selber, da von den Schiffen aus kleine Ruderboote ins Wasser gelassen wurden. Bei der Jagd auf die Wale mit Harpunen konnte das verwundete Tier oft ganze Bootsbesatzungen beim Tauchen unter Wasser ziehen, wenn diese die Leinen der Fanggeschosse nicht kappten.

Eines der wichtigsten Handelsschiffe der frühen Neuzeit war die Fleute mit ihrem bauchigen Bug. Radierung von Wenzel Hollar, 1647. Quelle: wikimedia

In der frühen Neuzeit verdingten sich viele Nordfriesen auf holländischen Walfangschiffen. Dieses Bild zeigt den Grabstein eines Commandeurs mit Abbildung des holländischen Schiffes DE VROUWEN ANNA EN MARIA ELISABETH auf dem Kirchhof von St. Nicolai auf Föhr. Foto: Dirk Meier

Das Segeln ins Eis und Suchen des Walfisches, Kupferstich von Adolf van der Laan (ca. 1690–1742).

Auch auf der Fahrt nach Holland kam es zu Katastrophen auf der Nordsee. So berichtet C. P. Hansen 1845 in seiner Chronik, dass am 23. März 1711 der Schiffer Peter Heiken aus Morsum auf Sylt auf seiner Schmack (Schmak), einem einmastigen Küstensegler, mit 85 Sylter Seefahrern als Passagieren nach Amsterdam absegelte, die dort Schiffsdienste suchten. In einem Sturm strandete das Schiff jedoch vor dem niederländischen Ameland, wobei die gesamte Besatzung und die Passagiere den Tod fanden. Ein weiteres Unglück ereignete sich am 10. Oktober 1797, als das Boot des Schiffers Boy Paulsen von Wyk in der Hever unterging, das 72 Föhrer Seefahrer, vor allem Walfänger auf der Heimreise aus Holland, an Bord hatte. Grönlandfahrer, die glücklich heimkehrten, brachten neben der Heuer Arbeiten aus Walknochen oder Walrosszahn ebenso wie holländische Importe, vor allem Kacheln, auf die Inseln.

Ganz mit holländischen Fliesen mit biblischen Motiven verziert ist beispielsweise der „Königspesel" genannte Raum des 1776 vom Kapitän und Schiffseigner Tade Hans Bandix errichteten Hauses auf der Hanswarft von Hallig Hooge. Er fuhr von 1748 bis 1777 für eine Amsterdamer Reederei bis nach Südostasien. Der Name „Königspesel" rührt daher, dass in diesem vornehm ausgestatteten Raum der dänische König Friedrich VI. am 2./3. Juli 1825 übernachtete, als er auf seiner Besichtigungsfahrt der Schäden der Februarturmflut 1825 von einer erneuten Flut an der Weiterfahrt gehindert wurde. Im 17./18. Jahrhundert gehörten vor allem die Delfter Kacheln, die als Verkleidung von Kaminen und Wandflächen dienten, zur gehobenen Wohnkultur Nordeuropas. Die sog. Delfter Fliesen wurden nur zu einem recht kleinen Teil in Delft selbst hergestellt. Das Gros dieser meist 13 x 13 cm großen zinnglasierten Ton-Platten stammte vielmehr aus den Fayence-Manufakturen in Amsterdam, Antwerpen, Dordrecht, Gouda, Haarlem, Harlingen, Hoorn, Leeuwarden, Leiden, Makkum, Middelburg, Rotterdam und Utrecht. Als das chinesische Porzellan in Mode kam, änderten die Fliesenmaler gegen 1620 erneut ihren Stil zum sog. „Delfter Blau" nach dem Vorbild des chinesischen Porzellandekors.

Nachdem am Ende dieses Goldenen Zeitalters des Walfangs der Grönlandwal *(Balaena mysticetus)* fast ausgerottet war, kamen die Fangfahrten ab 1800 fast zum Erliegen. Da die Grönlandfahrt schon seit der zweiten Hälfte des 18. Jahrhunderts nicht mehr genügend Profit abgeworfen hatte, verdingten sich viele Nordfriesen auf Handelsfahrten nach Ost- und Westindien, wo die Niederlande, England und Dänemark Stützpunkte ihrer Handelscompagnien unterhielten. Anders als bei der Grönlandfahrt blieben die Kapitäne und Mannschaften jetzt viel länger von zu Hause fort. Nach der Chronik von C. P. Hansen zählte man 1792 auf Sylt 378 See-

Pottwalmutter. The New Bedford Whaling Museum. Unbekannter Künstler um 1900.

Delfter Kachel mit biblischer Szene „die Kundschafter". Eckmotiv: Ochsenkopf; Provinz Holland, Mitte 18. Jhdt., 12,8 x 12,8 x 0,8 cm. Mit solchen Fliesen wurden häufig Kamine und Öfen verkleidet. Sie gelangten mit den ost- und nordfriesischen Besatzungen der Walfangschiffe in den norddeutschen Küstenraum.

fahrer und auf Föhr etwa 1.000. Über die Fahrten berichten Kirchenbücher, Aufzeichnungen und Inschriften auf Grabsteinen, so steht auf dem Grabstein des Rörd Knuten (1730–1812), dass dieser mit 14 Jahren zur See ging und 36 Jahre lang bis 1744 auf Grönlandfahrt und Handelsreisen die nördliche Halbkugel befahren hat.

Seit der frühen Neuzeit war die Nordsee nicht nur in die globalen maritimen Verkehrsrouten einbezogen, sondern es blühte auch die Küstenfahrt mit den unterschiedlichsten Fahrzeugen wie Ewer, Galioten, Tjalken oder Schniggen auf. An den größeren Sielen befanden sich Kleinhäfen wie Ehstensiel oder Katingsiel an der Eidermündung, Wöhrden oder Büsum in Dithmarschen oder wie das 1730 gegründete Carolinensiel in Ostfriesland.

Aufgrund der sich ständig verändernden Fahrwässer war die Seefahrt im Wattenmeer nicht ungefährlich. Zahllose Schiffe liefen auf Grund, strandeten an Sänden oder wurden bei Sturmwinden auf die flache Küste gedrückt, wie die archäologisch untersuchten frühneuzeitlichen Schiffswracks von Uelvesbüll (jetzt im Husumer Schifffahrtsmuseum) und Hedwigenkoog (jetzt im Dithmarscher Landesmuseum in Meldorf) dokumentieren.

Brauchbare Seekarten, die diese Havarien hätten vielleicht verhindern können, gab es zwar seit dem Ende des 16. Jahrhunderts, doch waren diese viel zu wertvoll und daher in der frühneuzeitlichen Küstenfahrt nicht gebräuchlich.

Für die Commandeure der Schiffe war der Walfang ein lohnendes Geschäft. Der Reichtum zeigt sich in den Bauernhäusern und deren Inneneinrichtung. Das Bild zeigt den Hof eines solchen Commandeurs auf der dänischen Insel Röm.
Foto: Dirk Meier

Diese Seekarte des Lucas Janszoon Waghenaer (1533/45–1605/06) zeigt das nordfriesische Küstengebiet mit seinen Inseln und Halligen, die nicht realistisch wiedergegeben sind. So wies die Insel Strand damals eine u-förmige Gestalt auf. Ferner sind Fadentiefen und Kompasslinien sowie am Rand die Küstenhorizonte dargestellt.

Die älteste Seekarte, welche die Nordseeküste darstellt, ist der großformatige, 1584 oder 1585 in Leiden von Lucas Janszoon Waghenaer herausgegebene *Spieghel der Zeevaerdt*. Die Nordseeküste Schleswig-Holsteins erfasst eine Karte des zweiten Bandes, die das nordfriesische Wattenmeer mit den Inseln, die Eidermündung, das Dithmarscher Küstengebiet, die Elbmündung sowie die Küste Ostfrieslands wiedergibt. Im südlichen nordfriesischen Wattenmeer ist noch die große Insel Strandt eingezeichnet, die in der katastrophalen Sturmflut von 1634 in die heutigen Inseln Nordstrand und Pellworm auseinanderbrach. Die Fahrwässer mit ihren Namen und Tiefenangaben in Faden sind ebenso be-

Im Jahr 1729 wurde die Eindeichung des Carolinengroden abgeschlossen. An der Mündung der Harle wurde ein kleiner Sielhafen angelegt, wie er für Stellen der südlichen Nordseeküste typisch ist. Foto: wikimedia

rücksichtigt wie Wattflächen, Untiefen und Seezeichen. Hingegen ist die Ausgestaltung der Umrisse der Landflächen und Inseln stark schematisiert. Die für den Seefahrer uninteressanten küstenferneren Gebiete sind nicht detailliert ausgestaltet, den Seefahrtsrouten und dem Blick vom Meer auf das Land werden eindeutig Vorrang eingeräumt. Am Kartenrand finden sich stattdessen Küstenansichten (*Vertonungen*), wie sie sich dem Schiffer von See aus darstellten. Gerade diese nach dem Augenschein gezeichneten Küstenansichten mussten zuverlässig sein, da sie im Vergleich mit der Wirklichkeit die Orientierung erleichtern sollten. Weitere Orientierungen bieten die verschiedenen Kompasslinien.

Sturmfluten und Kulturspuren

Der Bau von Warften als künstliche Schutzhügel gegen das Meer ebenso wie Deiche, Deichbruchstellen (Wehlen), Erdentnahmestellen für den Warft- und Deichbau (Pütten) sowie Kulturspuren untergegangener Siedlungen und Wirtschaftsflächen im Watt zeugen als landschaftliches und kulturelles Erbe von der historischen Auseinandersetzung des Menschen mit der Natur. Zerstörte das stürmische Meer die Deiche, strömte das Wasser mit gewaltiger Kraft in die kultivierte, infolge der Entwässerung oft tief liegende und nicht mehr durch Ablagerung von Sanden und Tonen natürlich aufgehöhte Marsch. Das Wasser vertiefte die Einbruchstellen in den Deichen zu tiefen Rinnen und Kolken, durch die das Wasser in das Land strömte. Vor allem in dem tiefen, landeinwärts liegenden Sietland breitete sich das Wasser aus. Die Wirtschaftsflächen blieben lange überflutet, wenn die künstliche Entwässerung zusammenbrach und zudem meist in Küstennähe höher aufgelandete Marschen als natürliche Barriere wirkten. Mit den damaligen technischen Möglichkeiten war an eine Schließung der Deichbruchstel-

Alte Deiche und Wehlen bilden einen wesentlichen Bestandteil des landschaftsgeschichtlichen und kulturellen Erbes.
Foto: Dirk Meier

len nicht zu denken, so dass oft tiefe Wehlen auf der Innenseite des neuen, um sie bogenförmig herumgeführten Deiches zurückblieben.

Entstehung von Sturmfluten

Sturmfluten entstehen durch Starkwinde infolge des Aufeinandertreffens von Tief- und Hochdruckgebieten. Die an den zusammentreffenden Tief- und Hochdruckmassen mit ihren unterschiedlichen Temperaturen und Drucken entstehenden Luftwirbel verschiedener Stärke lösen dabei starke Winde und Wellen aus. Sind diese nur schwach, sprechen wir von einer leichten Brise, im Extremfall tobt ein Orkan. Sturmwirbel über der Nordsee entstehen dann, wenn arktische Kaltluftmassen auf subtropische Warmluftmassen treffen. Das war beispielsweise am 3. Januar 1976 der Fall, als solche Kaltluftmassen von −37 °C über den Färöern mit Warmluftmassen von −12 °C Celsius über dem Ärmelkanal zusammenstießen. Der entstandene Sturmwirbel bewegte sich schnell südostwärts und erreichte mit Orkanböen die schleswig-holsteinische Westküste gegen Mittag. Durch diesen auflandigen Sturm entstanden hohe Wellen. Diese Wetterlage ist ein typisches Phänomen für den Nordseeraum und hat auch in der Vergangenheit zu teilweise katastrophalen Sturmfluten geführt.

Entsprechend der Stärke der Sturmfluten lassen sich leichte von schweren und sehr schweren Sturmfluten unterscheiden, die entsprechend der Windstärke auch als Wind-, Sturm- und Orkanfluten bezeichnet werden. Als Maß der Sturmflut gilt dabei die Höhe über dem Mittleren Tidehochwasserstand (MThw) des jeweiligen Pegelortes. Liegt dieser 1,5 bis 2,5 m darüber, spricht man von Sturmfluten, bei 2,5 bis 3,5 m von schweren Sturmfluten und ab 3,5 m von sehr schweren Sturm- oder Orkanfluten. Seit der Mitte des 19. Jahrhunderts liegen von vielen Orten an der Nordsee Pegelmessungen vor. Die häufigsten und höchsten Sturmfluten treten naturgemäß im Winterhalbjahr auf, so vor allem zwischen November und Januar. Jeder Sturm bringt Bewegung in das Wattenmeer: Schlick-, Sand- und Schillmassen wirbeln die Wellen auf, werden transportiert und wieder abgelagert.

Mittelalterliche Sturmfluten

Die mittelalterlichen Küstenlinien in Nordfriesland sind nicht genau bekannt, da die spätmittelalterlichen Sturmfluten hier zu einer starken Umgestaltung der Landschaft führten. Diese fallen in eine Zeit, als sich nach dem mittelalterlichen Klimaoptimum um 1000 n. Chr. das Klima seit dem Ende des 13. Jahrhunderts verschlechterte. Nach 1340 blieben warme Sommer aus und in den Jahren 1345 bis 1347 folgten drei sehr kalte Sommer hintereinander. Zur gleichen Zeit häuften sich schwere Sturmflutereignisse an der Nordseeküste. Zwar war das Mittlere Tidehochwasser infolge des den natürlichen Flutraum eingrenzenden Deichbaus angestiegen, doch lag es im 14. Jahrhundert noch niedriger als heute. Trotzdem kam es aber zu schweren Sturmfluten. In einer Kopie des Schleswiger Stadtbuchs finden wir den Hinweis: *Anno MCCCLXII, am XI Tage des Januars da war eine große Wasserflut im Frieslande, darin auf dem Strande 30 Kirchen und Kirchspiele ertranken.*

Aus phantasievoller späterer Rückschau bezeichnete der Lundener Kirchenschreiber Johann Russe um 1550 die Sturmflut von 1362 als *de grote Mandränke*. Diese Flut hat weit mehr als alle späteren die nordfriesischen Uthlande geformt. Folgt man dieser viel späteren Schilderung, begann die Flut am 15. Januar 1362, erreichte am darauf folgenden Marcellustag ihren Höhepunkt und endete einen Tag später. Russens Angabe von 100.000 Toten ist der Phantasie entsprungen. Noch später gibt der Pastor Anton Heimreich (1626–1685) an, dass die stürmische Westsee vier Ellen (1 Hamburger Elle = 57,31 cm) über die höchsten Deiche auflief. Nach archäologischen Untersuchungen in Eiderstedt und Nordfriesland lagen die Kronenhöhen der Deiche vor 1362 etwa bei NN +2 m und wurden dann ebenso erhöht

Geologischer Querschnitt durch das nordfriesische Wattenmeer. Im Untergrund durchschneiden mit setzungsfähigen, tonigen Sedimenten verfüllte Schmelzwassertäler den präholozänen Untergrund und dessen vermoorte Oberfläche. Darüber finden sich wechselnde Folgen von Sedimenten und Torfen. Das Blockbild zeigt ferner eingedeichte Inseln, Halligen und Reste alter Salztorfabbauten. Die großen Prielströme brachen im späten Mittelalter in die mit tonigen Sedimenten verfüllten Rinnen ein und zerrissen das Land. Grafik: Dirk Meier

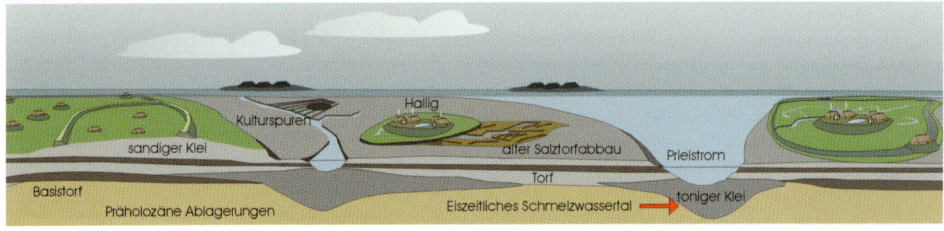

wie die hier liegenden, aus Klei aufgeschichteten Warften, deren Siedelniveau man von NN +3 vor 1362 nach der großen Flut um einen Meter anhob.

Schadens- und Einkunftslisten belegen dabei das Ausmaß der Landzerstörungen in den nordfriesischen Uthlanden. So führt das um 1450 aufgeschriebene *Registrum Capituli Slesvicensis* (Einkunftsregister des Schleswiger Domkapitels) mit seinen älteren Auszügen von 1352 und 1407 unter den Kirchspielen, Kirchen und Kapellen des Herzogtums Schleswig auch die 1362 in der Edomsharde verlorenen an. Nach diesen nicht nachprüfbaren Listen sollen im Bistum Schleswig über 60 Kirchen, davon in Nordfriesland 51, in der Propstei Strand 25 und in Nordstrand 28, untergegangen sein. Da aber nur ein Jahrzehnt vorher, in den Jahren 1347 bis 1352, ein großer Teil der Bevölkerung an der Pest gestorben war, fielen die Menschenverluste sicherlich niedriger aus, als in den späteren Quellen angegeben.

Mit der endgültigen Zerstörung der alten Strandwallreste im Westen und dem Vorstoß der Norderhever lagen die Seemarschen der Insel Strand nun viel exponierter zur See. Der Kern der heutigen Insel Pellworm mit dem vom Schardeich

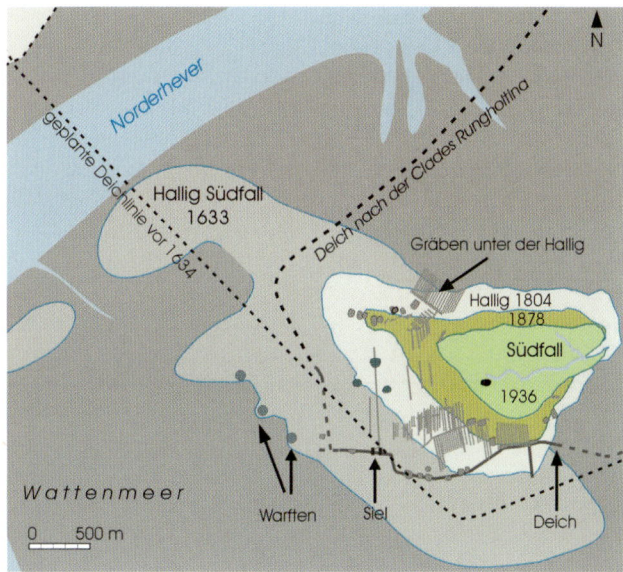

Die Karte zeigt den Landschaftswandel im Bereich der Hallig Südfall, die über den mittelalterlichen Kulturspuren im Rungholtwatt aufgewachsen ist. Vor der Zweiten Mandränke von 1634 war die Hallig noch weit größer als heute.
Grafik: Dirk Meier

umgebenen Großen Koog überdauerte jedoch die Marcellusflut von 1362, aber im Gebiet der Insel werden danach zehn Kirchen als verloren angeführt. Weitere Kirchspiele gingen in der Edomsharde zwischen dem heutigen Pellworm und Nordstrand unter, darunter das sagenhafte Rungholt, dessen Name 1345 auf einem Hamburger Testament auftaucht: Mehrere Urkunden des 13. und 14. Jahrhunderts belegen den Handelsverkehr zwischen Flandern, Bremen, Hamburg und der Edomsharde mit einem dazugehörigen Hafen. Als bedeutender Ort in der Edomsharde besaß Rungholt sicher eine Hauptkirche mit zugehörigen Kirchen.

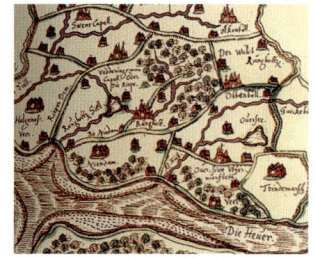

Die von Johannes Mejer 1636 gezeichnete Karte „Clades Rungoltina" zeigt in phantasievoller Rückschau den sagenhaften Ort Rungholt, einen Wald sowie weitere Orte und Deiche an der Hever.

Die von Johannes Mejer etwa zweihundert Jahre nach dem Untergang Rungholts 1636 gezeichnete und von Peter Sax ergänzte historisierende Karte *clades Rungholtina* zeigt im Rungholt-Gebiet einen Deich mit einem Siel *(Emißarius Rungholtinus)*, einem großen Sielzug *(Agger Ripanus)* und dem Niedamdeich *(Niedanum)*. Reste dieser Deiche, Siele und Sielzüge, Hofwarften, Wege, Felder, Sodenbrunnen kartierte der Nordstrander Bauer Andreas Busch seit 1921 im Watt nahe der Hallig Südfall. In dem von ihm so benannten Niedamdeich befanden sich zwei Siele (von Busch Schleusen genannt). Die Höhe des Bodens des einen Kammersiels lag mit NN −1,30 m nur etwa 45 cm tiefer als das durch das Siel entwässerte Kulturland. Das Mittlere Tidehochwasser um 1362 nahm Andreas Busch aufgrund des Sielbodens mit NN −0,44 m an, während das MThw heute bei Strucklahnungshörn mit etwa NN +1,36 m sehr viel höher aufläuft.

Aufgrund des geringen Niveauunterschiedes funktionierte die Entwässerung im Mittelalter nur mangelhaft. Zerstörte die stürmische See den Seedeich und hielten keine Mitteldeiche das Wasser auf, breitete sich die Flut rasch aus. Lag die Landoberfläche gar tiefer als das MThw, strömte das Wasser auch bei Ebbe in den Koog. Dies scheint 1362 im Rungholtgebiet der Fall gewesen zu sein. Die Marcellusflut von 1362 zerstörte nicht nur das Siel und den Deich, sondern überschwemmte auch das dahinterliegende tiefe Kulturland mitsamt den auf Warften liegenden Hofstellen. Ein Seitenarm der Hever, die nach Nordosten vorstoßende Norderhever, drang nach Deichbrüchen in die Edomsharde ein, vernichtete das niedrige Kulturland und bildete eine Bucht, so dass die Insel Strand nun die bis 1634 bestehen bleiben de hufeisenförmige Gestalt erhielt. Infolge der Flut wurde Pellworm kurzzeitig von dem Rest des Strandes getrennt.

Weitere Landverluste waren 1362 in dem Gebiet der später aufgewachsenen nördlichen Halligen zu verzeichnen. Die ehemals im Raum zwischen den heutigen Halligen Hooge und Habel liegenden, 1362 untergegangenen Kirchspiele gehörten zum Bereich der Pellworm-, Wirichs- und Beltringharde und somit zur Propstei des alten Strandes. Diese lagen jedoch auch vor der spätmittelalterlichen Katastrophe außerhalb der größeren geschlossenen bedeichten Gebiete im Süden. Die ersten Überflutungen erfolgten hier wohl aus nordwestlicher und nördlicher Richtung mit dem Gezeitenstrom der Norderaue, während die Süderaue sich erst 1362 stark vertiefte und weiter vordrang. Nördlich der Norderaue hatten sich die einst vor dem Sylter Geestkern von Archsum nach Süden und Osten ausdehnenden Seemarschen bereits in römischer Zeit sehr stark verkleinert.

Schon im 13. oder frühen 14. Jahrhundert hatte die Hever wohl den nördlichen Teil der Witzworter Nehrung durchstoßen, die Lundenbergharde in zwei Teile zerrissen und die Landverbindung Strands mit Eiderstedt zerstört. Die Hever drang weiter bis an den Geestrand bei Husum vor, und ein Seitenarm erreichte im Süden die Treene und Eider, so dass Eiderstedt vorübergehend zur Insel wurde. Geringere Landverluste traten in Dithmarschen ein, wo sich die Insel Büsum stark verkleinerte und Marschen an der Elbmündung mit Uthaven, dem Vorgängerort Brunsbüttels, untergingen.

Warum sind die Landverluste in den nordfriesischen Uthlanden größer als in Dithmarschen? Eine künstliche Entwässerung des ehemals vermoorten Sietlandes und der in Teilen der Uthlande, vor allem im Gebiet der heutigen nördlichen Halligen betriebene Salztorfabbau hatten zu einer Tieferlegung der Watt- und Marschoberflächen geführt. Die eingedeichten und entwässerten Marschen sowie die Salztorfabbauköge lagen im späten Mittelalter teilweise tiefer als das Mittlere Tidehochwasser. Waren die niedrigen Deiche durchbrochen, schwemmte das Wasser die Oberfläche des tiefen Kulturlandes fort. Spuren des Salztorfabbaus sind noch heute in der Bökingharde und im Gebiet der nördlichen Halligen von Hooge bis Habel vorhanden. Die Oberfläche der heutigen Hallig Habel etwa liegt 3 m oberhalb des kultivierten Landes von vor 1362. Das ehemals sumpfige, von Schilfdickichten bedeckte Land hatten im hohen Mittelalter die ersten Siedler in Besitz genommen und entwässert. Siedlungsreste, Sodenbrunnen, Entwässerungsgräben, Deichreste und Spuren des Salztorfabbaus sind nördlich der Hallig auf einer Höhenlage von NN −1 m nachgewiesen.

Der Salztorfabbau begünstigte zwar die Landverluste, war jedoch nicht überall die eigentliche Ursache für den Untergang weiter Marschflächen. In der Edomsharde etwa, wo Rungholt lag, wurden weit weniger Salztorfe abgebaut als etwa im Gebiet der nördlichen Halligen. Entscheidender für die Auswirkungen der Katastrophenfluten war hier der geologische Untergrund. So verlaufen vom ehemaligen Eisrand Schmelzwassertäler von Osten nach Westen. Im Zuge des nacheiszeitlichen Meeresspiegelanstiegs war die Nordsee bis an die Festlandsgeest vorgedrungen und hatte diese Täler ebenso wie die höher gelegenen Gebiete der eiszeitlichen Oberfläche mit Sanden und Tonen aufgefüllt. Aufgrund der instabilen, tonigen, zu Sackungen neigenden Sedimente in den Tälern drangen die spätmittelalterlichen Sturmfluten mit der Ausbildung breiter Prielströme vor allem in diese Bereiche ein. Im Gebiet des heutigen Prielstroms der Norderhever befindet sich die Sohle der ehemaligen eiszeitlichen Schmelzwasserströme erst bei NN −15 und −18 m. Die heutigen Prielströme der Norderhever, Norder- und Süderaue folgen diesen ursprünglichen Tälern, während die Inseln Pellworm und Nordstrand auf sandigen, weniger zur Sackung neigenden Sedimenten oberhalb der hier höheren, bis NN −12 m ansteigenden, eiszeitlichen Oberfläche liegen. Die nach 1362 übriggebliebene hufeisenförmige Insel Strand war ein Bereich, der mit seinen sandigeren, weniger sackungsfähigen Sedimenten oberhalb der Erhöhungen der eiszeitlichen Oberfläche lag. Nicht der Mensch und seine Wirtschaftsweise, sondern vor allem die Natur verursachte in den Uthlanden die Auswirkungen der Katastrophenflut von 1362.

Zu größeren Veränderungen der Küstenlinien infolge der spätmittelalterlichen Sturmfluten kam es auch im niedersächsischen Küstengebiet. Im Gebiet des heutigen Jadebusens prägten noch im hohen Mittelalter ausgedehnte Moore die Landschaft hinter den höheren Uferwällen. Nachdem 1297 die Luciaflut und 1334 die Clemensflut die Uferwälle durchbrachen, drang das Salzwasser weit nach Süden in das Moorgebiet vor und zerriss es. Dieser Meeresvorstoß

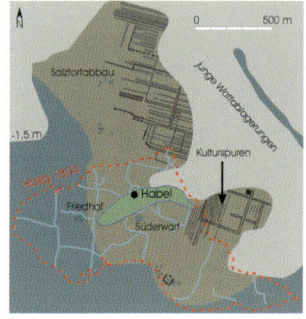

Die Hallig Habel ist über mittelalterlichen Kulturspuren aufgewachsen.

mit der Ausprägung der Friesischen Balje folgte dabei einer eiszeitlichen Schmelzwasserrinne im Untergrund. Inwieweit auch der Abbau von Salztorfen die Ausbreitung des Jadebusens vorbereitete ist unklar. Den Rest des unkultivierten Hochmoores im Gebiet des Jadebusens bildet das Sehestedter Außendeichsmoor. Die Ausprägung des Jadebusens veränderte auch den Wasserhaushalt. Das aus Ostfriesland kommende Binnenwasser floss nun nicht mehr durch die Maadebucht in die Nordsee, da der Meeresvorstoß den Oberlauf der Maade abgetrennt hatte. In der Folgezeit verlandete die Maadebucht.

Noch weiter in den Bereich des heutigen Jadebusens stieß die Marcellusflut von 1362 vor, in deren Verlauf das Lockfleth in das Sietland des südlichen Butjadingen einbrach und eine Verbindung zur Weser schuf. Mit der Heete bildete sich zwischen Weser und Jadebusen eine zweite Tiderinne, die das nördliche Butjadingen zeitweilig zur Insel machte. Reste der im Bereich des Jadebusens untergegangenen Marschen blieben als kleine Inseln noch bis an den Anfang des 17. Jahrhunderts bestehen. Nach 1943 verschwand auch der letzte Rest der Oberahnschen Felder im Nordosten des Jadebusens, die bis dahin als Gründlandflächen genutzt worden waren. Seit dem 16. Jahrhundert setzte eine schnelle Wiederbedeichung von den Rändern des Jadebusens ein, die sich bis in das 19. Jahrhundert fortsetzte.

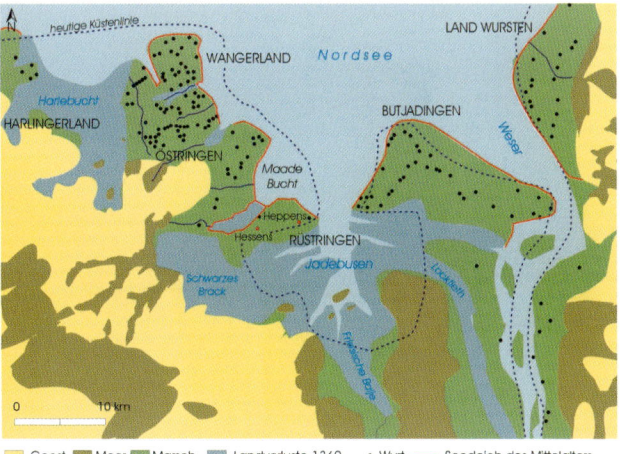

Infolge der spätmittelalterlichen Katastrophenfluten entstand der Jadebusen, weite Flächen einer ehemaligen Moorlandschaft wurden zu Watt umgewandelt. Grafik: Dirk Meier

Geest □ Moor ■ Marsch ■ Landverluste 1362 • Wurt — Seedeich des Mittelalters

Frühneuzeitliche Sturmfluten

Zwar kühlte sich das Klima mit dem Beginn der Kleinen Eiszeit seit dem Ende des 16. Jahrhunderts ab, doch kam es vom 16. bis 18. Jahrhundert wiederum zu schweren Sturmfluten. Nachdem im späten Mittelalter bereits Sturmfluten nach der Zerstörung von Deichen in die urbar gemachte Moorlandschaft im Bereich des heutigen Dollart eingedrungen waren, erreichte dieser Meereseinbruch mit der Cosmas- oder Damianflut 1509 seine größte Ausdehnung. In dieser Zeit überschwemmte das Meer regelmäßig auch das Moorgebiet des südlichen Rheiderlandes und bedeckte es mit Sedimenten. Reste des alten Uferwalles überdauerten die Flut zunächst als Halligen, bevor auch sie der Nordsee zum Opfer fielen. Die Ausweitung des Dollarts erfolgte auch deshalb so schnell, weil sich die friesischen Häuptlinge bekämpften und gegenseitig Deiche durchstachen sowie Siele abbrannten.

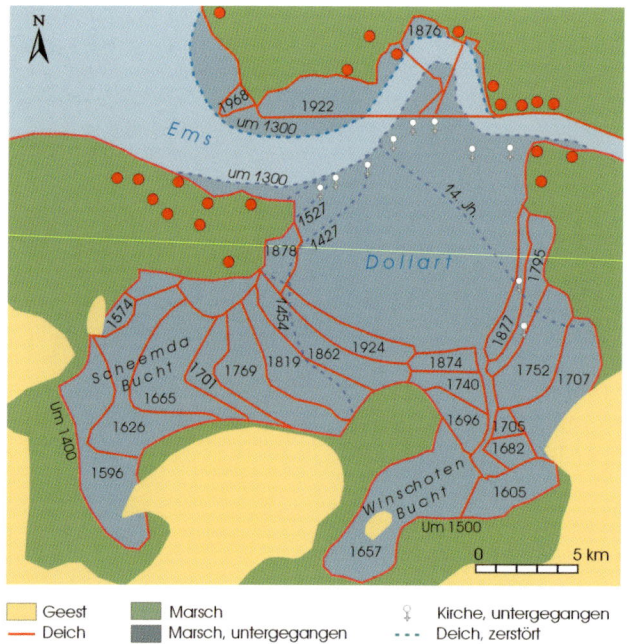

In der Cosman- oder Damian-Flut von 1509 erreichte der Einbruch des Dollart seine größte Ausdehnung, der in der Folgezeit von den Rändern her wiederbedeicht wurde.
Grafik: Dirk Meier

„Die erschreckliche Wasser-
fluth" aus Happel „Die größten
Denkwürdigkeiten der Welt"
von 1683 dokumentiert das historische Drama. In der tobenden See kämpfen Schiffe mit
dem Sturm, der Deich ist gebrochen und die Menschen ver-
suchen sich auf Dächer und in
Boote zu retten.

Als Folge dieses großen Meereseinbruchs wandte sich
das bislang auf Groningen orientierte Rheiderland nun stärker Ostfriesland zu, wobei es mit der Unabhängigkeit der
Landesgemeinde infolge der Eingliederung in die ostfriesische Grafenherrschaft jedoch bald vorbei war. Die neuen
Landesherren förderten mit der Wiederbedeichung des Dollarts die Neulandgewinnung. Diese begann von der Scheem-
da-Bucht im Südwesten und der Winschoten-Bucht im
Südosten her. Auf der deutschen Seite wurde 1605 das
Bunderneuland eingedeicht, 1707/08 entstanden der Nor-
der- und Süder-Christian-Eberts-Polder, der Landschafts-
polder (1752), der Heinitzpolder (1796) und der Kanalpolder
(1885). Charakteristisch für diese Köge sind geplante Ent-
wässerungssysteme und regelmäßig in Reihen angelegte
Höfe, meist Gulfhäuser.

Im schleswig-holsteinischen Küstengebiet führte vor allem die am 11. Oktober 1634 hereinbrechende Burchardiflut
(Zweite Große Mandränke) zu größeren Landverlusten in
den nordfriesischen Uthlanden, wo die Insel Strand in die
Inseln Pellworm und Nordstrand auseinanderbrach, in den
Grundzügen zur heutigen Küstengestalt der schleswig-holsteinischen Nordseeküste. Was die zeitgenössischen Be-
richte in Worte zu fassen suchten, war die größte Naturkata-
strophe ihrer Zeit in Nordfriesland. In Klixbüll am Geestrand
erreichte die Flut eine Höhe von NN +4,3 m. Das ganze Aus-

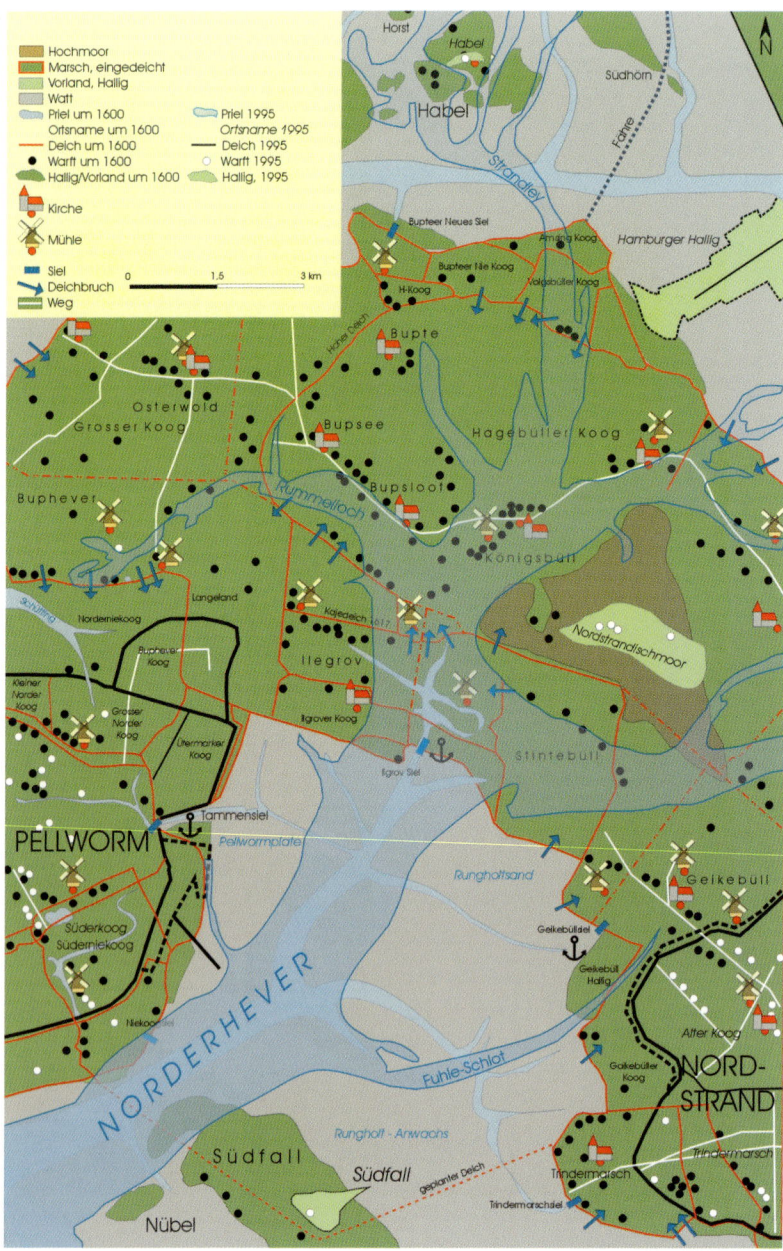

Kulturspuren im nordfriesischen Wattenmeer dokumentieren das Drama des untergegangenen Landes. Hier erkennt man eine Warft (oben) bzw. zwei Warften (rechts) und Flurformen im Bereich der 1634 untergegangenen Teile der Insel Strand. Foto: Walter Raabe

Die Karte zeigt den mittleren Teil der alten Insel Strand, die infolge der Zweiten Mandränke von 1634 in zwei Teile zerbrach. Der Prielstrom der Norderhever bahnte sich seinen Weg, Marschen und Kirchspiele gingen unter. Grafik: Dirk Meier

maß der Schäden zeigt die Karte des Brabanter Deichgrafen Quirinus Indervelden aus dem Jahre 1659. Nach der großen Flut vom 11. Oktober 1634 waren von der 22.000 ha großen, hufeisenförmigen Insel Strand nur noch Pellworm und Nordstrand, das Gebiet des Wüsten Moores sowie eine Reihe kleinerer Inseln übriggeblieben. Letztere hatten einst die nördliche Küstenlinie der alten Insel gebildet. Die aus dem ehemaligen nördlichen und östlichen Außenrand der Insel Strand nach 1634 entstandenen Halligen sind mit Ausnahme der 1923 an Nordstrand angedeichten Pohnshallig und Hamburger Hallig infolge späterer Sturmfluten alle verschwunden. Die niedrigeren Teile der alten Marscheninsel Strand mit Feldern, Wegen, Warften und Kirchen bedeckte das Meer mit jüngeren Sedimenten. Vermutlich mehr als 6.000 Menschen – etwa zwei Drittel der Inselbevölkerung – hatten in einer einzigen Sturmnacht ihr Leben verloren. Nur einigen der Einwohner Strands war die Flucht auf das Hochmoor der Insel gelungen. Hier blieben sie die nächsten Jahre, um hier dürftig ihr Leben durch etwas Ackerbau, Fischfang und Torfgraben zu fristen. Während die ersten behelfs-

117

mäßigen Behausungen noch auf dem Hochmoor angelegt wurden, mussten infolge höherer Sturmfluten bald Warften aufgeworfen und weiter erhöht werden. Das Moor bedeckten Meeresablagerungen, auf denen Salzwiesen aufwuchsen. Warften und Äcker verschlang das Meer und bedeckte es mit Sedimenten. Teile dieser ehemals vermoorten und durch Entwässerung nutzbar gemachten Kulturlandschaft der untergegangenen Kirchspiele von Bupte, Osterwohld und Westerwohld legte der Prielstrom des Rummellochs wieder frei. Nördlich der heutigen Insel Strand kamen Spuren des untergegangenen Morsum im Watt zutage, wo nach einer zeitgenössischen Quelle 396 Menschen ertranken.

Die Flut von 1634 zerstörte auch den Stackdeich der Lundenbergharde. Auch die Elbmarschen blieben von Sturmfluten nicht verschont. So waren schon 1602 und 1625 ebenso wie 1634 Wassermassen in die Elbmarschen eingebrochen.

Wie war es zu dieser Katastrophe gekommen? Die damaligen Deiche waren oft nicht mehr als 10 Fuß (etwa 3 m) höher als das Mittlere Tidehochwasser. Der maximale Wasserstand erreichte 1634 aber etwa 4 m über MThw, so dass die Deiche an 40 bis 50 Stellen brachen. Die Deichbrüche bei Brunock-Stintebüll bahnten dabei der Norderhever ihren Weg mitten durch die alte Insel. Nördlich von Pellworm drang aus westlicher Richtung das Rummelloch in das Gebiet des Kirchspiels Buphever vor. Auf die Zerstörung der

Sodenbrunnen im Watt am Rummelloch.
Foto: Dietrich Hoffmann

Untergegangene Bäume im
Watt vor Hallig Gröde.
Foto: Dietrich Hoffmann

Deiche und die Umwandlung des ehemaligen Kulturlandes
folgte eine schnelle Zerschneidung des Marschlandes durch
Gezeitenrinnen und dessen Umwandlung in Wattflächen.

Wiederbedeichungsversuche im Gebiet des alten Strandes waren nach 1634 zunächst nur auf Pellworm möglich.
Hier gelang in den Jahren 1635 bis 1637 die Wiederbedeichung einiger Köge, darunter des Großen Kooges. Die westlichen Seedeiche mussten hingegen im Osten neu angelegt
werden. Nach einer Unterbrechung von 20 Jahren wurden
die Bedeichungen fortgesetzt. Die direkt ohne Vorland an
die See grenzenden Deiche im Westen, Süden und teilweise
auch im Osten der Insel waren kaum zu halten, und im 18.
Jahrhundert mussten erhebliche Flächen ausgedeicht werden. Neuland wuchs im Lauf der Zeit aber im Nordosten der
Insel an, wo 1938 der Bupheverkoog entstand, während die
Seedeichlinie von 1794 bis 1804 im Westen und Süden noch
mit der heutigen Küstenlinie übereinstimmt. Hier können die
Deiche bis heute nur mit einem erheblichen Aufwand gehal-
ten werden, und auch der neueste Generalplan für den Küstenschutz des Landes Schleswig-Holstein sieht hier Deich-
verstärkungen vor. Auf Nordstrand waren anders als in Pellworm alle Versuche der Bevölkerung gescheitert, die niedrige Inselmarsch wieder durch Deiche zu schützen. Erst 1652
unterschrieb der Gottorfer Herzog Friedrich III. (1597–1659)
einen Oktroi, der Quirinus Indervelden weitgehende Rechte

versprach, wenn er die Insel bedeichen konnte. Gegen den Widerstand der Einheimischen und unter großem Kapitaleinsatz durch landfremde Geldgeber – Holländer, Flamen und Franzosen – gelang dann dieses Unternehmen. Durch die verbesserte Deichbautechnik und den Einsatz von Kapital war es somit seit der frühen Neuzeit nicht nur möglich, Marschen zu sichern, sondern es erfolgten auch immer weitere planmäßige Landgewinnungen, durch die sich die Küstenlinie veränderte.

Nach 1634 war die Sturmflut von 1717/18 die verheerendste für die deutsche Nordseeküste. Der Scheitel der Weihnachtsflut von 1717 lag in Tönning zwar unter dem der bis dahin schwersten Sturmflut von 1634, in Husum aber 60 bis 90 cm darüber. Zwischen Emden und Tondern ertranken 1717/18 etwa 9.000 Menschen, in den Niederlanden über 2.500. In seiner Eiderstedter Chronik von 1740 berichtet Peter-Hans Rosien über die Flut von 1717, *dass am Heiligen Christ Abend die Flut 4 Fuß über die Haffteiche* (Seedeiche) gegangen sei und das Wasser in Osterhever eingebrochen sei. Für Dithmarschen fasste Johann Adrian Bolten die Schäden 1781/88 zusammen. Danach wurde 1717 die ganze Marsch nach zahlreichen Deichbrüchen bis 2,1 m hoch überschwemmt. Nur für die Bewohner der bis NN +6,20 m hohen Dorfwurt Wöhrden bestand keine Lebensgefahr. Eine erneute Sturmflut in der Nacht vom 25. auf den 26. Februar 1718 verschlimmerte die Lage in den Marschländern noch, da das Wasser infolge der vielen Deichbruchstellen weit in das Landesinnere strömte. Die Eisflut erreichte zwar nicht die Wasserstände vom Dezember 1717, aber das Zusammenwirken von hohem Wasserstand und an die Deiche rammenden Eisschollen verursachte schwere Schäden. Zwar war der wirtschaftliche Schaden der Sturmflut immens, aber es kam nicht zu nennenswerten Landverlusten.

Auch in der Neujahrsflut vom 31. Dezember 1720 auf den 1. Januar 1721 brachen die Deiche. In manchen Marschregionen lief das Wasser entsprechend der Tide ständig ein und aus. Aufwendige und teure Reparaturen verschlangen zwar viel Geld, aber gleichzeitig begannen die jeweiligen Landesherren mit weiteren Landgewinnungsmaßnahmen an der Nordseeküste.

Die für die Küstenregion so wichtige Landwirtschaft geriet als Folge der Fluten in den Jahren 1717 bis 1772 in eine

Zu den schwersten Sturmfluten der frühen Neuzeit gehört die Sturmflutenreihe von 1717–1720, während der fast alle Marschen an der Nordseeküste unter Wasser standen. Stich: Geographische Vorstellung der jämmerlichen Wasser-Flutt in Nieder-Teutschland 1717. Quelle: Fansa u.a., Kulturlandschaft Marsch (Oldenburg 2005)

schwere Krise. Die hohe Schuldenlast, der versalzte Boden infolge des ständig ein- und auslaufenden Wassers und die Zerstörungen trieben viele Bauernfamilien in den wirtschaftlichen Ruin. Um solche Katastrophe nicht wieder eintreten zu lassen, bemühten sich die Landesherren um eine Verbesserung des Küstenschutzes. Im Jahre 1767 (1773) erschien das neue Lehrbuch von Albert Brahms zum Deichbau. Infolge der technisierten Zeit glaubte man sich bald hinter den Deichen sicherer als jemals zuvor. Allerdings hatte man den Anstieg des Meeresspiegels im 19. Jahrhundert noch nicht erkannt, sondern berechnete die Höhen der Deiche aufgrund der Erfahrungen bisheriger Sturmfluten. Nach 1700 war das Mittlere Tidehochwasser aber wieder langsam angestiegen, da sich das Ende der Kleinen Eiszeit abzuzeichnen begann.

Dies hatte fatale Auswirkungen, denn am 3./4. Februar 1825 überschritt die Sturmflut am Pegel Husum mit einer Höhe von NN +5,09 m alle bis dahin bekannten Höhen. Die tobende See überströmte daher alle nach dem Maß der vorhergehenden höchsten Flut von 1717 verstärkten Deiche. Auch die erst 1799 auf Pellworm neu erbauten Deiche überlief das Wasser bis zu einer Höhe von 1,20 m. Infolgedessen brachen die Deiche an neun Stellen. Weite Gebiete Nordfrieslands und Dithmarschens standen teilweise bis an den Geestrand unter Wasser. Es ertranken insgesamt an der Nordseeküste etwa 800 Menschen und rund 50.000 Tiere. Besonders betroffen waren die nordfriesischen Halligen. Hier ertranken 74 Menschen, 2.603 Stück Vieh kamen um und 88 Häuser wurden zerstört.

Neuzeitliche Sturmfluten

Auch nach 1825 kam es zu mehreren schweren Sturmfluten, wobei die von 1962 besonders in Hamburg zur Katastrophe wurde. Es begann am 12. Februar 1962 mit einem kräftigen Sturmtief, das vom Nordatlantik nach Skandinavien vordrang und mit dem Nordweststurm Orkanböen über die deutsche Nordseeküste brachte. Trotz einer Hochflut kam es aufgrund des abflauenden Windes nicht zu einer kritischen Sturmflutsituation. Am 13. Februar entwickelten sich bei Neufundland jedoch Zyklone, und der starke stürmische Nordwest- bis

Nordwind erreichte auch die Nordsee. Ein kalter Polarluftvorstoß traf dort auf subtropische Warmluft und das kräftige Azorenhoch. Ein Teiltief bog bei Kap Farvel an der Südspitze Grönlands ab und zog rasch zum Europäischen Nordmeer, wo es am 15. Februar ein selbständiges Sturmtief ausbildete, das schnell in die nördliche Nordsee übergriff.

Am 16. Februar gegen 9.30 Uhr warnte das Wetteramt Schleswig vor dem Herannahen eines Sturmtiefs mit Orkanböen. Das Deutsche Hydrographische Institut gab bekannt, dass das Hochwasser 2 bis 2,5 m über Normal auflaufen werde. Um 20 Uhr meldeten die Nordsee-Feuerschiffe Borkumriff und P 8 Südweststurm in einer Stärke von 8 Beaufort (Bft), am nächsten Vormittag war es schon eine Sturmstärke mehr. Gegen 22 Uhr waren 9 bis 10 Bft, in Böen sogar bis 12 Bft erreicht. In der mittleren und nördlichen Nordsee tobte der Sturm am heftigsten. In der Nacht vom 16. auf den 17. Februar rollte aus nordwestlicher Richtung eine sehr hohe Flutwelle auf die deutsche Nordseeküste zu. Anders als die erste Flut vom 12./13. Februar, die keine nennenswerte Höhe erreichte, bewirkte die am 16./17. eine Katastrophe. Spitzenböen erreichten die Elbmündung.

Alle Seedeiche entlang der deutschen Nordseeküste gefährdeten hoher Wasserstand, starke Brandung, hoher Wellenauflauf und Wellenüberschlag. Die Sturmtide, noch verstärkt durch nordatlantische Fernwellen, führte zu bis dahin nicht gesehenen Scheitelwasserständen von NN +5,70 in Hamburg, +4,94 m in Büsum und +5,61 m in Husum. In Hamburg hatten sich die Deichkronen von NN +5,7 m als zu niedrig erwiesen. Am Pegel Schulau erreichte der Scheitelwasserstand eine Höhe von bis dahin nicht gekannten NN +5,86 m. Die höchste Sturmflut war bis dahin die des Jahres 1825 gewesen, bei der ein höchster Wasserstand von NN +5,24 m gemessen worden war. Diese Fluthöhe war seitdem maßgebend für die Sicherheit in Hamburg gewesen, nach der man die Höhe der Deiche auf NN +5,60 m festgelegt hatte. Die Hollandsturmflut von 1953 hatte zwar in Hamburg zu einer Überprüfung und Verstärkung der Deiche geführt. Diese war jedoch noch nicht überall abgeschlossen. Als die Sturmflut Hamburg erreichte und das Wasser am Pegel St. Pauli auf NN +5,70 m stieg, lag dieser 50 cm über dem von 1825 und 1 m über allen in den letzten Jahrzehnten aufgetretenen Wasserständen.

Bis heute wird bei höheren Sturmfluten „Landunter" auf den Halligen gemeldet.
Foto: Walter Raabe

Die Flutwelle erreichte in Hamburg nicht nur eine außergewöhnliche Höhe, sondern trat auch früher als erwartet ein. Die Vorhersage des Hochwassers für St. Pauli lag bei 3.46 Uhr, tatsächlich erreichte die Flut den Pegel schon um 3.05 Uhr. Bereits um 1.10 Uhr war mit NN +5,20 m der Wasserstand von 1825 erreicht. Diese Marke, die als Maß der Deichsicherheit galt, überschritt die Flut 3,5 Stunden lang. Infolge der Belastung brachen die Deiche an 60 Stellen, wobei die große Zahle der Brüche erst dann erfolgte, nachdem das Wasser die Krone überströmt und die mit 1:1,5 zu steile Innenböschung zerstört hatte. Dort, wo asphaltierte Straßen auf den Deichkronen verliefen, bewirkten sie ein gleichmäßiges Überströmen der Deiche und verhinderten Schlimmeres. Insgesamt 12.500 ha des Stadtgebietes – rund ein Sechstel – wurden überflutet. So ertranken in Hamburg 315 Menschen, 1.255 Wohnungen wurden zerstört und rund 27.000 Wohnungen beschädigt. Hinzu kamen die Verluste der in den Häfen lagernden Güter. Der gesamte materielle Schaden belief sich etwa auf 5 Milliarden DM.

Die Elbdeiche der schleswig-holsteinischen Elbmarschen hielten zwar, aber infolge des Hochwasserrückstaus in die Stör, die Krückau und die Pinnau waren die Deiche auf den frontal dem Weststurm ausgesetzten Strecken stark angegriffen. Der größte Deichbruch ereignete sich im Deich der Münsterdorfer Marsch bei Itzehoe.

An der schleswig-holsteinischen Nordseeküste waren die Landesschutzdeiche zwischen Brunsbüttelkoog und Husum stark betroffen. Sehr schwere Schäden richtete der Sturm an den See- und Binnenseiten der Deiche entlang der Nordseite der Halbinsel Eiderstedt an, wo der Deich des Uelvesbüller Kooges auf einer Länge von 100 m brach. In Nordfriesland flaute der Wind kurz vor dem höchsten Wasserstand ab. Zu diesem Zeitpunkt war die Nordsee aber bereits in viele der Häuser auf den Halligen eingedrungen und hatte die Fethinge versalzt. Infolge der nahezu vollendeten Seedeichverstärkung überstanden Pellworm, Nordstrand und Föhr die Sturmflut. Zu Schäden an Dünen, Küstenbauwerken und Promenaden kam es aber auf Sylt und Amrum.

Nach 1962 wurden im Rahmen der jeweils fortgeschriebenen Generalpläne zum Küstenschutz viele Deiche begradigt, verstärkt und bis NN +8,80 m erhöht. Seit 1973 schließt ein Sperrwerk die breite Eidermündung zwischen Norderdithmarschen und Eiderstedt ab. Am 3. Januar 1976 staute der ungeheure Winddruck des Capella-Orkans die Wassermassen der Nordsee fünf Stunden an den Deichen der Elbe und an der Westküste Schleswig-Holsteins auf eine bis dahin nicht erreichte Höhe über NN: In Hamburg traten Scheitelwasserstände von +6,45 m, in Büsum von +5,16 m und in Husum von +5,66 m ein. In der Haseldorfer Marsch brach der noch nicht verstärkte Deich, ebenso im Dithmarscher Christianskoog. In Büsum blies der Orkan in Windstärken von 10 bis 12 Beaufort mit Spitzenböen von bis zu 145 km/h. Hätten die Deiche an der ganzen Küste noch eine Bemessungsgrenze wie 1962 gehabt, wären sie an vielen Stellen gebrochen. Schwere Stürme gab es auch seit 1976, doch führten diese aufgrund des verbesserten Küstenschutzes nicht mehr zu Deichbrüchen an der Nordseeküste. Die Gewalt der Sturmfluten belegt eindrucksvoll, dass Natur nicht statisch ist. Das Weltnaturerbe Wattenmeer liegt in einer auch vom Menschen gestalteten Kulturlandschaft ohne Grenzen.

Literatur in Auswahl

Albert Bantelmann: Die frühgeschichtliche Marschsiedlung beim Elisenhof in Eiderstedt. Landschaftsgeschichte und Baubefunde. Studien Küstenarchäologie Schleswig-Holstein Ser. A, Elisenhof 1 (Bern – Frankfurt 1975) Lang.

Esbjerg Declaration: Man and Wadden Sea. Ministerial Declaration of the 9th Trilateral Governmental Conference on the Protection of the Wadden Sea. Common Wadden Sea Secretariat (Esbjerg 2001).

Mamoun Fansa (Hrsg.): Kulturlandschaft Marsch. Natur – Geschichte – Gegenwart. Vorträge anlässlich des Symposiums in Oldenburg. Schriftenreihe Landesmuseum Natur und Mensch (Oldenburg 2005) Isensee.

Ludwig Fischer, Thomas Steensen, Harm Tjalling Waterbolk: Das Wattenmeer (Stuttgart 2005) Theiss.

Rüdiger Glaser: Klimageschichte Mitteleuropas. 1000 Jahre Wetter, Klima, Katastrophen (Darmstadt 2001). Wissenschaftliche Buchgesellschaft.

Werner Haarnagel: Die Grabung Feddersen Wierde. Methode, Hausbau, Siedlungs- und Wirtschaftsformen sowie Sozialstruktur (Wiesbaden 1979).

Hans-Herrmann Henningsen: Rungholt. Der Weg in die Katastrophe. Aufstieg, Blütezeit und Untergang eines bedeutenden mittelalterlichen Ortes in Nordfriesland. Bd. I: Die Entstehungsgeschichte Rungholts, seine Ortslage, heutige Kulturspuren im Wattenmeer und die Geschichte und Bedeutung der Hallig Südfall (Husum 1998) Husum.

Hans-Herrmann Henningsen: Rungholt. Der Weg in die Katastrophe. Aufstieg, Blütezeit und Untergang eines bedeutenden mittelalterlichen Ortes in Nordfriesland. Bd. II: Das Leben der Bewohner und ihre Einrichtungen, die Landschaft, der Aufstieg zu einem Handelsplatz, Rungholts Untergang, der heutige Zustand von Kulturspuren, der Mythos von Rungholt und ein Epilog: Die Geschichte im Zeitraffer (Husum 2000) Husum.

IPCC 2001: Climate Change 2001. The Scientific Basis. Hrsg. von Houghton, J. T. u.a. (Cambridge 2001) Cambridge University Press.

Landesamt für den Nationalpark Schleswig-Holsteinisches Wattenmeer u. Umweltbundesamt: Umweltatlas Wattenmeer. Bd. I Nordfriesisches und Dithmarscher Wattenmeer (Stuttgart 1998); Bd. 2, Wattenmeer zwischen Elbmündung und Emsmündung (Stuttgart 199) Ulmer.

Dirk Meier: Die Nordseeküste. Geschichte einer Landschaft (Heide 2. Aufl. 2007) Boyens.

Dirk Meier: Schleswig-Holsteins Küsten im Wandel. Kleine Schleswig-Holstein Bücher 58 (Heide 2007) Boyens.

Dirk Meier: Land in Sicht. Die Entwicklung der Seefahrt an Nord- und Ostsee (Heide 2009) Boyens.

Michael Müller-Wille, Bodo Higelke, Dietrich Hoffmann, Burkhard Menke, Arthur Brande, Klaus Bokelmann, Hilke Elisabeth Saggau u. Hans-Joachim Kühn: Norderhever-Projekt 1. Landschaftsentwicklung und Siedlungsgeschichte im Einzugsgebiet der Norderhever (Nordfriesland). Offa-Bücher 66, Studien Küstenarchäologie Schleswig-Holsteins, Ser. C. (Neumünster 1988) Wachholtz.

Stade Deklaration: Erklärung von Stade. Trilateraler Wattenmeerplan. Ministererklärung der Achten Trilateralen Regierungskonferenz zum Schutz des Wattenmeeres. Common Wadden Sea Secreariat (Stade 1997).

Walter Raabe: Auf Spurensuche im Wattenmeer. Ein Luftbildatlas (Heide 2002) Boyens.

Martin Stock, Hans-Heiner Bergmann, Herbert Zucchi: Watt. Lebensraum zwischen Land und Meer (Heide 2. Aufl. 2009). Boyens.

Peter Wieland: Küstenfibel. Ein Abc der Nordseeküste (Heide 1990) Boyens.

Ute Wilhelmsen: Ebbe und Flut (Heide 5. Aufl. 2010) Boyens.

Glossar

Anwachs	Schlickiger Sedimentations- und Wuchsbereich erster Salzpflanzen wie Queller und Andel zwischen Watt und geschlossenem Vorland.
Beaufort-Skala	Windstärkenskala in 13 verschiedenen Stärkegraden (Bft). Die Skala wurde 1896 durch den englischen Admiral Sir Francis Beaufort eingeführt und 1949 um fünf Stärkegrade erhöht.
Brackwasser	Mischung von Süßwasser (Flusswasser) und Salzwasser (Meerwasser) im Mündungsbereich von Tideflüssen oder im Grundwasserbereich der Marsch.
Brandung	Überstürzen von Brechern (Branden) der auf das Festland zulaufenden Meereswellen in der Brandungszone.
Deich	Dammartiger Erdwall entlang der Küstenlinie zum Schutz des Landes. Seedeich: Deich an der heutigen Küstenlinie (direkt an die See grenzende Deiche ohne Vorland werden Schardeiche genannt) Schlafdeich: alte Deichlinie im Binnenland Sommerdeich: Deich, der nur gegen sommerliche Sturmfluten schützt Winterdeich: ganzjährig schützender Deich
Deichkrone	Oberer Abschluss des Deiches.
Deichfuß	Unterer Abschluss des Deiches.
Ebbe	Das Fallen des Wasserspiegels im Gezeitenmeer vom Tidehochwasserstand zum nachfolgenden Tideniedrigwasserstand.
Fernwelle	Meteorologisch bedingte oder durch Erdbeben (Seebeben) ausgelöste Meereswelle.
Fething, Feting	Mit Klei abgedichtetes, bis in den Untergrund reichendes großes Wasserloch in der Mitte der Warft zur zentralen Wasserversorgung für das Vieh. Vom Fething führen Rohre zu Soden als Wasserzisternen. Ferner besteht eine Zuleitung zu einem großen Wasserauffangbecken am Rande der Warft, dem Scheetels.
Flachsiedlung	hier: zu ebener Erde in der unbedeichten Marsch angelegte Wohnplätze.
Flut	Steigen des Wasserspiegels im Gezeitenmeer vom Tideniedrigwasserstand zum nachfolgenden Tidehochwasserstand.
Geest	Höherliegendes Gebiet eiszeitlicher Ablagerungen (Mergel, Sande, Kiese).
Gezeiten, Tiden	Schwingungen des Wassers der Ozeane und Randmeere der Erde unter Einwirkung der Anziehungskräfte und der Bewegung der Gestirne Sonne, Mond und Erde.
Hallig	Kleine unbedeichte Marscheninsel im Wattenmeer, die bei Sturmfluten überflutet wird. Die Halligen sind heute von niedrigen Sommerdeichen umgeben.

Haubarg	Bauernhausform in Holland und Eiderstedt, die im 16. Jahrhundert entstand. In der Mitte des Haubargs befindet sich im Vierkant der Heubarg.
Hochwasser	siehe unter: Flut.
Klei	Kleiboden oder Marschboden aus Ablagerungen (Sanden, Tonen) des Meeres.
Kliff	Durch Abbruch infolge von Wellenschlag, Brandung und Strömung entstandenes Steilufer am Geestrand.
Klima	Mittlerer Zustand des Gesamtablaufs der meteorologischen Erscheinungen während eines langen Beobachtungszeitraums.
Koog, Polder	Durch einen Deich geschützte Marsch.
Küste	Übergangsgebiet vom Land zum Meer, an der Nordseeküste Grenze des landwärts reichenden Tideeinflusses.
Küstenlinie	Berührungslinie zwischen Land und Meer.
Küstenschutz	Technische Maßnahmen zum Schutz der Küste durch den Bau von Deichen, Sperrwerken, Lahnungen oder Sandvorspülungen.
Kulturspuren	hier: Zeugnisse menschlicher Spuren im Wattenmeer wie Warften, Deiche, Flurformen, Entwässerungsgräben oder Siele.
Lee und Luv	Die vom Meer abgewandte Seite bzw. die dem Meer zugewandte Seite.
Marsch	Boden aus Ablagerungen des Gezeitenmeeres (Seemarsch) und der Tideflüsse (Brackmarsch).
Meeresspiegelanstieg, Säkularer	allmähliches Anheben des Meeresspiegels gegenüber dem Festlandsniveau.
Mittleres Tidehochwasser	MThw, Mittlerer Tidehochwasserstand als Mittelwert der Tidehochwasserstände
Moräne	[französisch] vom Gletscher mitgeführter Gesteinsschutt. Je nach der Lage zum Gletscher unterscheidet man Grund-, Seiten- und Endmoränen.
Nehrung	Von der küstenparallelen Tideströmung und Brandungsströmung aufgeschütteter langgestreckter, schmaler Sand- oder Kieswall, auf dem Dünen aufwachsen können.
Normalnull (NN)	Amtlich im Jahre 1879 festgelegte Bezugsebene für alle Höhenmessungen in Deutschland, die dem damaligen Meeres-Mittelwasserspiegel am Amsterdamer Pegel entspricht.
Niedrigwasser	siehe unter: Ebbe.
Orkan	Außergewöhnlich starke Luftbewegung der Stärke 12 Beaufort (siehe dort).

Pegel	Ortsfeste Wasserstandsmessanlage. An der Deutschen Nordseeküste wurde 1935 das Pegelnull als Nullstand aller Pegel eingeführt, der auf einer Tiefe von NN −5 m liegt.
Priel	Wasserrinne im Watt, die auch bei Tideniedrigwasser noch Wasser führt.
Queller	Salzwasserpflanze *(Salicornia herbaca);* Pionierpflanze im Watt, die bereits 40 cm unter dem Mittleren Tidehochwasserspiegel wächst.
Regression	Weitflächiger Rückzug des Meeres.
Sandbank	Durch Brandung und Strömung aufgehöhte Sandablagerung, bis über dem Mittleren Tidehochwasser aufragend.
Schardeich	Direkt an das Meer grenzender Seedeich ohne Vorland.
Schlick	Schluffig-tonige Ablagerungen (Sedimente) des Meeres.
Sedimente	an der Nordsee: Ablagerungen des Meeres in Form von Sanden, Schluffen und Tonen.
Seegat	Enge Öffnung zwischen zwei Inseln oder Sänden am seeseitigen Rand des Wattenmeeres, durch die ein Wattenstrom (Prielstrom) in das offene Meer mündet.
Siel	Durchlasswerk im Seedeich für ein Gewässer oder einen Sielzug, schließt sich bei Flut durch den Wasserdruck und öffnet sich bei Ebbe. Siele entwässern die eingedeichte Marsch.
Sperrwerk	Bauwerk in einem Tidefluss mit Verschlussvorrichtungen zum Absperren bestimmter Tiden, dient dem Sturmflutschutz.
Springflut	Springtidehochwasser: bei Voll- und Neumond auftretende Flut mit hohen Wasserständen.
Späthing, Pütte	Erdentnahmestelle für den Deich- oder Warftbau.
Stackdeich	In der frühen Neuzeit errichteter Deich mit einer Holzbohlenwand zur See hin. Stackdeiche entstanden in der frühen Neuzeit überall da, wo es kein Vorland gab.
Strand	Flacher Küstenstreifen aus Sand, Kies oder Geröll im Wirkungsbereich der Gezeiten und Wellen.
Strandwall	Durch Brandung aufgeworfener, grobsandig-kiesiger Wall im Übergang vom trockenen zum nassen Strand.
Sturmflut	Durch Windkräfte ausgelöster Sturm mit hohen Wasserständen und Wellen an der Küste.
Tidedauer	Zeitspanne zwischen Tideniedrigwasser und Tidehochwasser.

Tide	Zeitraum, der vom ablaufenden zum auflaufenden Wasser, von Ebbe und Flut vergeht.
Tidenhub (Thb)	Mittlerer Höhenunterschied zwischen Tidehochwasser und den beiden folgenden Tideniedrigwasserständen.
Tidehochwasser	Oberer Grenzwert des Tidewasserstandes zum Ende der Flut.
Transgression	Weitflächiger Vorstoß des Meeres.
Uferwall	Durch Meeres- oder Flussablagerungen im Gezeitenbereich aufgehöhter Marschrücken.
Vorland	Außendeichsland zwischen dem Seedeich und der Küstenlinie, auch Heller oder Außengroden genannt.
Vulkan	Stelle der Erdoberfläche, wo Magma austritt. Die Eruptionen schütten allmählich einen Berg auf.
Warft (Warf), Wurt, Wierde, Terp	Durch künstliche Aufträge aus Klei, auch aus Mist aufgehöhter Siedlungshügel in der Marsch, in Nord- und Ostfriesland Warften oder Warfen, in Dithmarschen Wurten, in der Groninger Seemarsch Wierden und im niederländischen Friesland Terpen genannt. Hinsichtlich der Größe lassen sich Hof-, Groß- und Dorfwarften unterscheiden.
Warmzeit	Lang andauernde Warmphase der Erdgeschichte zwischen den Eiszeiten.
Watt	Flaches Übergangsgebiet zwischen Festland und Meer an einer Gezeitenküste, das im Ablauf der Gezeitenbewegung abwechselnd mit Wasser überdeckt wird oder trockenfällt. Das Bodenmaterial besteht aus Tonen, Sanden oder Schluffen.
Wattstrom	Hauptwasserlauf im Watt (siehe auch „Priel").
Wehle	Tiefes Wasserloch infolge eines Deichbruchs, das durch einströmendes Meerwasser entstand.
Welle	Schwingung der Wasseroberfläche (Seegang) infolge der Einwirkungen des Windes.
Wetter	Augenblickliches Verhältnis der Atmosphäre für eine gewisse Region.
Wind	Durch die unterschiedlichen Temperaturen der Erdoberfläche und der Luftschichten ausgelöster Vorgang der Luftströmung.

Adressen in Auswahl

Sturmflutenwelt „Blanker Hans"
Dr.-Martin-Bahr-Straße 7
25761 Nordsee-Heilbad Büsum
Telefon: 0 48 34/909 135
www.blanker-hans.de

Common Wadden Sea Secretariat (CWSS)
Gemeinsames Wattenmeersekretariat
Virchowstraße 1
D-26382 Wilhelmshaven
Tel: +49 (0)4421 9108 0
www.waddensea-worldheritage.org

Deutsches Schifffahrtsmuseum
Hans-Scharoun-Platz 1
D-27568 Bremerhaven
Tel. +49 (0)471/4 82 07-0
www.dsm.museum/

Historische Küstenforschung
www.kuestenarchaeologie.de

Landesbetrieb für Küstenschutz, Nationalpark
und Meeresschutz Schleswig-Holstein
Herzog-Adolf-Straße 1
25813 Husum
Telefon: 0 48 41/6 67-0
Telefax: 0 48 41/6 67-115
www.schleswig-holstein.de/MLUR/DE/Behoerden/
LKN/LKN__node.html

Multimar Wattforum Tönning
Am Robbenberg 1
25832 Tönning
Tel. 0 48 61/96 20-0
www.multimar-wattforum.de

Museum am Meer
Am Fischereihafen 19
25761 Büsum
Tel./Fax: 0 48 34/6734
www.museum-am-meer.de

Nationalparke Wattenmeer
www.wattenmeer-nationalpark.de
Niedersächsischer Landesbetrieb für Wasserwirtschaft,
Küsten- und Naturschutz
Am Sportplatz 23
26506 Norden
Tel. 0 49 31/9 47-0
www.nlwkn.niedersachsen.de/master/
C5231159_L20_D0.html

Nordseemuseum
Herzog-Adolf-Straße 25
25813 Husum
Tel. 0 48 41/25 45
Fax 0 48 41/6 32 80
www.museumsverbund-nordfriesland.de/
nordseemuseum/1-0-Home.html

Schifffahrtsmuseum Nordfriesland
Zingel 15
25813 Husum
Telefon: 0 48 41/52 57
www.schiffahrtsmuseum-nf.de

Autor

Dr. habil. Dirk Meier studierte Vor- und Frühgeschichte, Geologie und Ethnologie an den Universitäten Köln und Kiel, Promotion 1987, Habilitation 1998; leitet seit 1988 zahlreiche Projekte zur Geoarchäologie der schleswig-holsteinischen Nordseeküste, Projektleiter der EU-Projekte Landscape and Cultural of the Wadden Sea (LANCEWAD) und Pathways to European Landscapes (PCL), zahlreiche Publikationen, darunter: *Die Nordseeküste. Geschichte einer Landschaft* (Heide [2]2007) und *Land in Sicht. Die Entwicklung der Seefahrt an Nord- und Ostsee* (Heide 2009). www.kuestenarchaeologie.de